JN260002

化学の要点
シリーズ

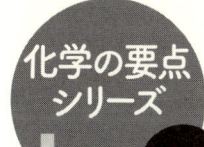

8

有機系光記録材料の化学

色素化学と光ディスク

日本化学会 [編]

前田修一 [著]

共立出版

『化学の要点シリーズ』編集委員会

編集委員長	井上晴夫	首都大学東京 人工光合成研究センター長・特任教授
編集委員 (50音順)	池田富樹	中央大学 研究開発機構 教授
	岩澤康裕	電気通信大学 燃料電池イノベーション研究センター長・特任教授
	上村大輔	神奈川大学 理学部化学科 教授
	佐々木政子	東海大学 名誉教授
本書担当編集委員	井上晴夫	首都大学東京 人工光合成研究センター長・特任教授
	池田富樹	中央大学 研究開発機構 教授

『化学の要点シリーズ』
発刊に際して

　現在，我が国の大学教育は大きな節目を迎えている．近年の少子化傾向，大学進学率の上昇と連動して，各大学で学生の学力スペクトルが以前に比較して，大きく拡大していることが実感されている．これまでの「化学を専門とする学部学生」を対象にした大学教育の実態も大きく変貌しつつある．自主的な勉学を前提とし「背中を見せる」教育のみに依拠する時代は終焉しつつある．一方で，インターネット等の情報検索手段の普及により，比較的安易に学修すべき内容の一部を入手することが可能でありながらも，その実態は断片的，表層的な理解にとどまってしまい，本人の資質を十分に開花させるきっかけにはなりにくい事例が多くみられる．このような状況で，「適切な教科書」，適切な内容と適切な分量の「読み通せる教科書」が実は渇望されている．学修の志を立て，学問体系のひとつひとつを反芻しながら咀嚼し学術の基礎体力を形成する過程で，教科書の果たす役割はきわめて大きい．

　例えば，それまでは部分的に理解が困難であった概念なども適切な教科書に出会うことによって，目から鱗が落ちるがごとく，急速に全体像を把握することが可能になることが多い．化学教科の中にあるそのような，多くの「要点」を発見，理解することを目的とするのが，本シリーズである．大学教育の現状を踏まえて，「化学を将来専門とする学部学生」を対象に学部教育と大学院教育の連結を踏まえ，徹底的な基礎概念の修得を目指した新しい『化学の要点シリーズ』を刊行する．なお，ここで言う「要点」とは，化学の中で最も重要な概念を指すというよりも，上述のような学修する際の「要点」を意味している．

本シリーズの特徴を下記に示す.
1) 科目ごとに,修得のポイントとなる重要な項目・概念などをわかりやすく記述する.
2) 「要点」を網羅するのではなく,理解に焦点を当てた記述をする.
3) 「内容は高く」,「表現はできるだけやさしく」をモットーとする.
4) 高校で必ずしも数式の取り扱いが得意ではなかった学生にも,基本概念の修得が可能となるよう,数式をできるだけ使用せずに解説する.
5) 理解を補う「専門用語,具体例,関連する最先端の研究事例」などをコラムで解説し,第一線の研究者群が執筆にあたる.
6) 視覚的に理解しやすい図,イラストなどをなるべく多く挿入する.

本シリーズが,読者にとって有意義な教科書となることを期待している.

『化学の要点シリーズ』編集委員会
井上晴夫　池田富樹　岩澤康裕　上村大輔　佐々木政子

序　文

　筆者は化学企業の研究所で，約 36 年間，染料や機能性色素の研究開発に携わってきました．大学で有機合成化学を学び，化学企業に入社して繊維用染料の研究を始めたのが色素化学との関わりの出発点でした．そして，色素を記録層とする CD-R や DVD-R など色素系光ディスクの研究開発を行い，海外工場の立上げなど事業化を経験しました．

　本書は，「企業研究者が製品化する際，サイエンスをテクノロジーとしてどう使っているのか？」という企業人の視点で，商品開発のリアリティーを意識して執筆したものです．色素化学と光ディスクに関する要点を記した「道しるべとなるもの」を目指しました．本書の目的はそこにあります．各章に挿入したコラムは，企業の第一線で光ディスクの研究開発に関わった方々にお願いしました．それぞれのサクセスストーリーに基づいた研究開発のアプローチや指針など素晴らしいメッセージが込められています．ユニークな発想や興味深い考え方などを，ぜひ読み取っていただければと思います．

　実は本書を書くに至ったもう一つの動機があります．それは，光ディスク産業がピークを過ぎ，難しい局面にさしかかっており，この産業を支えてきたこれまでの多くの日本発の最先端技術を書き留めておくことは重要な使命だと思ったからです．

　このような背景を踏まえ，筆者なりに色素化学をベースに有機系光記録材料を概観し，世界市場に大きな影響を与えた CD-R や DVD-R 色素系光ディスク技術について詳述しました．さらに，最近の三次元光記録技術についても紹介してあります．本文中で多く

の論文や著書を引用させていただきましたが，十分に内容が紹介できていない場合も多々あると思われます．また，本書について素直なご意見，ご批判をいただければ望外の幸せです．

　本書を執筆するきっかけをいただきました首都大学東京の井上晴夫先生，終始暖かくご指導いただきました東京工業大学の池田富樹先生，九州大学の古田弘幸先生に深く感謝申し上げます．今回の執筆に際して，貴重なコラムを寄稿していただきました名古屋工業大学の浜田恵美子先生，スタートラボ（株）の中島平太郎氏，千葉工業大学の久保裕史先生，旭硝子（株）の桜井宏巳氏，共栄社化学（株）の池田順一氏，リコー（株）の横森 清氏に感謝致します．また，これまで研究に関して大変お世話になりました三菱化学の皆さんに感謝します．この本の作成において，始終，激励と助言をいただき，出版へ導いて下さった共立出版の山本藍子氏，酒井美幸氏，三輪直美氏はじめ編集スタッフの皆さんにお礼申し上げます．

　本書が色素化学や光記録材料の研究開発に携わる方々や，色素材料の新たな応用に関心を抱いている方々のご参考になれば幸いです．

2013 年 6 月

　　　　　　　　　　　　　　　　　　　　　　前 田 修 一

目　次

第1章　はじめに ……………………………………………………1

1.1　染料から機能性色素へ …………………………………………1
　1.1.1　色素とは …………………………………………………1
　1.1.2　機能性色素とは …………………………………………4
1.2　アナログからデジタルへ ………………………………………6
文　献 …………………………………………………………………10

第2章　有機系光記録材料のあけぼの ……………………11

2.1　色素系光ディスクの歴史 ………………………………………11
　2.1.1　半導体レーザー技術の出現 ……………………………11
　2.1.2　ヒートモード記録技術の出現 …………………………12
　2.1.3　エアーサンドイッチ方式の光ディスク ………………13
2.2　色素記録膜に要求される特性 …………………………………14
　2.2.1　光反射・光吸収特性 ……………………………………15
　2.2.2　熱　特　性 ………………………………………………15
　2.2.3　記録感度 …………………………………………………16
2.3　有機色素薄膜の製造プロセス …………………………………16
2.4　色素開発の例 ……………………………………………………19
　2.4.1　インドアニリン系金属錯体色素の分子設計 …………19
　2.4.2　インドアニリン系金属錯体色素の溶液および薄膜特性
　　　　　……………………………………………………………20
　2.4.3　インドアニリン系金属錯体色素の記録再生特性 ………21

文献 ·· 22

第3章　日本発の発明：CD-R ·································· **25**

3.1　CD の誕生 ·· 25
3.2　日本発の発明　CD-R ·· 26
3.3　CD と CD-R の比較 ··· 32
3.4　CD-R の層構成とその記録原理 ··························· 33
3.5　CD-R 用色素の分子設計 ···································· 36
文献 ·· 41

第4章　DVD-R へ発展 ·· **43**

4.1　CD-R から DVD-R へ ······································ 43
4.2　DVD-R の製造プロセス ···································· 46
4.3　DVD-R 用色素の設計 ······································· 49
　4.3.1　アゾ系金属錯体色素 ···································· 49
　4.3.2　アゾ配位子の分子設計 ································· 51
　4.3.3　アゾ系金属錯体色素とアゾ配位子の光吸収特性比較 ··· 52
　4.3.4　アゾ系金属錯体色素の熱特性 ························ 53
　4.3.5　アゾ系金属錯体色素の薄膜特性 ····················· 53
　4.3.6　オキソノール色素 ······································ 55
文献 ·· 60

第5章　三次元用光記録材料の化学 ··························· **61**

5.1　二次元記録の限界，三次元記録へ ······················· 61
5.2　ホログラム光記録の原理と材料設計 ···················· 63

 5.2.1　ホログラム光記録の原理 ……………………………………63
 5.2.2　ホログラム記録用フォトポリマー材料 …………………66
 5.2.3　フォトポリマー記録材料の構成材料 ……………………67
 5.2.4　記録特性：感度と収縮 ……………………………………71
文　献 ……………………………………………………………………73

第6章　情報爆発社会へ向けて …………………………………**75**

6.1　光ディスクの魅力と役割 …………………………………………75
6.2　新しい光ディスクの提案 …………………………………………78
文　献 ……………………………………………………………………79

索　引 …………………………………………………………………**81**

コラム目次

1. 色はその昔，地位の象徴でもあり，職業の色でもあった 2
2. 染料・色素は化学工業の源 3
3. 記録容量の単位：kB, MB, GB, TB, PB, EB 8
4. 光ディスク用記録材料 23
5. CD-R, DVD-R のコンセプト 28
6. CD-R 誕生物語 31
7. CD-R 各層の材料と重量比較 34
8. 銀反射層の採用―高反射率と低コストを達成― 35
9. アゾ系金属錯体色素の発想 48
10. 光ディスク用色素のパラダイム 56
11. 電子ファイリング：DVD-R と紙の容量比較 59
12. ホログラフィックストレージ用記録材料 64
13. ホログラムメモリ用フォトポリマー 68
14. ホログラム光記録メモリの歴史 72
15. 100 TB を見据えたアーカイブメモリ材料への期待 76

第1章

はじめに

 有機系光記録材料の化学の背景にあるものとして，2つの潮流を挙げたい．そのひとつは，「染料から機能性色素への流れ」であり，もうひとつは，「アナログからデジタルへの流れ」である．

1.1 染料から機能性色素へ

1.1.1 色素とは

 可視光線を選択的に吸収して固有の色をもつ物質を色素という．色素の歴史的な研究の流れを図 1.1 に示す．ものを染める色素の歴史は古く，人類は紀元前数千年前から天然物に色素源を求めた．19 世紀中ごろから，有機化学が進歩するとともに，「天然色素」の分解・分析によって化学構造の解明から化学合成へと進み，鮮明度，着色力，堅牢度，染着性など天然色素の性能をしのぐ多彩な「合成染料」が数多く開発され，人々にカラフルな衣服を提供してきた．

 さらに，20 世紀中ごろから，色素の発色・消色メカニズムの解明，理論づけの研究の発展により，色素に秘められてきたさまざまな機能を発掘できるようになった．これにより光・熱・電気などのエネルギーによって発色・消色する色素や物性変化をもたらす機能材料などが主にエレクトロニクス関連分野からのニーズとして提案

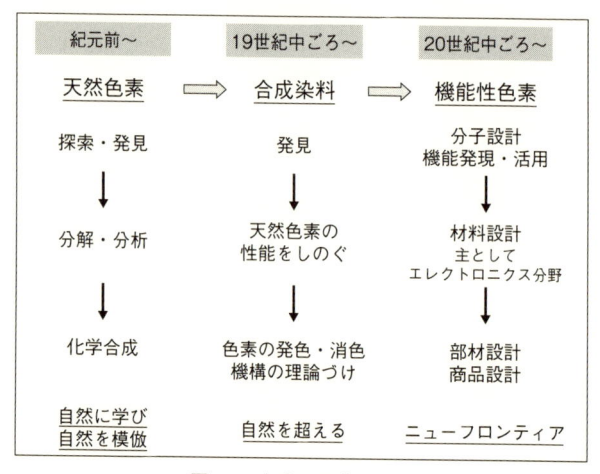

```
┌─────────────────┬─────────────────┬─────────────────┐
│   紀元前〜       │  19世紀中ごろ〜   │  20世紀中ごろ〜   │
│                 │                 │                 │
│   天然色素   ⇒   │   合成染料   ⇒   │   機能性色素     │
│                 │                 │                 │
│   探索・発見     │     発見         │   分子設計       │
│      ↓          │      ↓          │  機能発現・活用   │
│                 │                 │      ↓          │
│   分解・分析     │   天然色素の     │   材料設計       │
│      ↓          │   性能をしのぐ    │   主として       │
│                 │      ↓          │ エレクトロニクス分野 │
│   化学合成       │   色素の発色・消色  │      ↓          │
│                 │   機構の理論づけ   │   部材設計       │
│                 │                 │   商品設計       │
│   自然に学び     │   自然を超える    │  ニューフロンティア │
│   自然を模倣     │                 │                 │
└─────────────────┴─────────────────┴─────────────────┘
```

図 1.1　色素の研究の流れ

コラム1

色はその昔, 地位の象徴でもあり, 職業の色でもあった

　高貴な色とされた紫（チリアンパープル）は, 9,000 個の貝からわずか1gしか採れず, 高い位階の人しか身に付けることができなかった. ローマ帝国では皇帝や元老院の議員, わが国の平安朝では三位以上の位の人（当時の全人口 500 万人のうちわずか 24〜25 人）であった. また, 赤色は兵隊の色とされ, アカネの根からとれるアリザリンは殺菌消毒力をもち, これで染めたトルコ赤は戦闘で流される血の刺激を視覚的に低減させるといわれていた. さらに, 紺色は農夫（農婦）の色とされ, アイの葉からとれるインジゴには防虫作用があり, これで染めた野良着を着れば, 毒蛇や虫が寄りつかないといわれていた.

されるようになった．このことは色素化学研究者の発想の転換をよび，色素を共役電子系としてとらえ，新しい機能性をもつ色素の探求と先端ハードウエア技術のニーズを考慮した色素分子の設計に取り組むようになった．このような新しい機能を発現するように分子設計された色素は「機能性色素」と命名され，大きく発展してきた．本書で取り上げる光ディスクの記録層に用いられる色素もその一種であり，レーザー光を吸収し熱分解する色素である．

コラム 2

染料・色素は化学工業の源

1856 年に William Perkin が世界初の合成染料 モーブ（mauve）を発見した．モーブの化学構造式を図に示した．これは医薬品をつくるための実験から偶然に得られた（セレンディピティー）ものであった．マラリアの特効薬キニーネを合成しようとした実験で，絹を鮮やかに紫色に染める物質を発見した．これがきっかけとなり，次々と合成染料が開発されていった．染料工業の展開と有機工業化学の発展により，新しい医薬品やさまざまな化学製品が生み出され，化学工業が発展していった．

$$2\ C_{10}H_{13}N\ +\ 3\,(O)\ \xrightarrow{\ \times\ }\ C_{20}H_{24}O_2N_2 + H_2O$$

アリルトルイジン

モーブの構造

キニーネ

1.1.2 機能性色素とは

1980年代前後から,色素分子がπ電子共役系を有するという特徴を生かした,いわゆる「機能性色素」に関する研究が活発化した.大阪府立大学の北尾悌次郎が「機能性色素 (functional dyes)」を提唱し,次のように述べている (R&D レポート,1981).

「色素化学がいままでに果たしてきた,また現に果たしている広範囲にわたる役割の重要性については,いまさら言及する必要もない.しかし,高付加価値製品:新技術の開発や省資源・省エネルギーの見地からすると,将来さらにそれらが機能性色素として格段に重要視されてくることは間違いがないものと思われる.機能性色素の定義は確立されたものではないが,機能性高分子に模して,特異な機能をもつ色素が機能性色素とよばれるものである.しかも,有機化学,有機合成化学,高分子化学,有機工業化学,有機材料化学,エレクトロニクス,エネルギー工学などの分野における研究手段と技術水準が飛躍的な進歩を遂げ,その理論的なとり扱いが深まるにつれて,色素もその多機能活用と新しい展開がみられると同時に,徐々にではあるが,明日の色素化学への転換のきざしが現れている.」

このように,これまで染色・着色するという用途に使われてきた色素が,エレクトロニクス技術の分野へ新たな展開を見せたことは大変興味深い.材料としての特徴を挙げると,「多数の元素の組合せが可能で,材料設計の自由度が広いこと」,「光,熱,電気などの入力に応答して,いろいろな機能を出力することができる」ことである.図1.2に機能性色素の技術原理と用途をまとめて示す.

機能性色素を用いたエレクトロニクス関連分野への具体的な応用例としては,1980年代前後にその黎明期をみることができる.水溶性色素を用いたバブルジェットプリンターの原理特許 (1977

年：キヤノン），昇華感熱転写方式プリンターの提案（1982年：ソニー），近赤外吸収色素を用いた CD-R 光ディスク規格の提案（1988年：太陽誘電およびソニー），DVD-R 光ディスク用アゾ系金

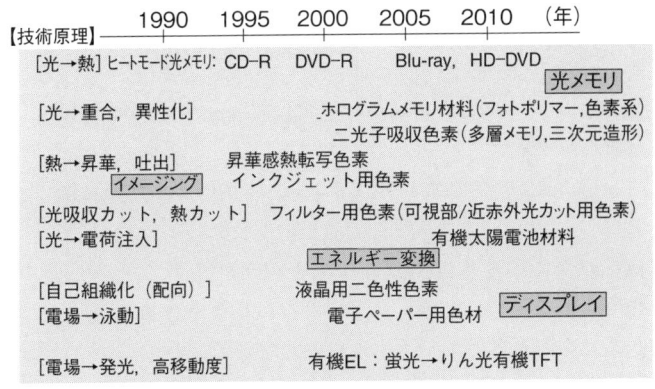

```
【技術原理】   1990  1995  2000  2005  2010  （年）
[光→熱] ヒートモード光メモリ: CD-R   DVD-R   Blu-ray, HD-DVD
                                              光メモリ
[光→重合，異性化]        ホログラムメモリ材料（フォトポリマー，色素系）
                         二光子吸収色素（多層メモリ，三次元造形）
[熱→昇華，吐出]    昇華感熱転写色素
    イメージング    インクジェット用色素
[光吸収カット，熱カット]  フィルター用色素（可視部/近赤外光カット用色素）
[光→電荷注入]             有機太陽電池材料
                 エネルギー変換
[自己組織化（配向）]      液晶用二色性色素
                                              ディスプレイ
[電場→泳動]              電子ペーパー用色材

[電場→発光，高移動度]    有機EL：蛍光→りん光有機TFT
```

図1.2　機能性色素の技術原理と用途

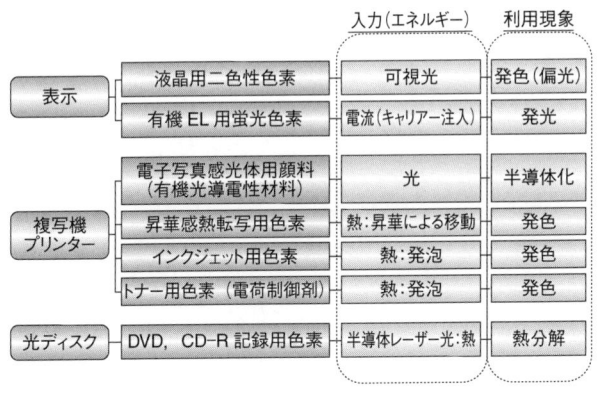

分類	色素	入力（エネルギー）	利用現象
表示	液晶用二色性色素	可視光	発色（偏光）
表示	有機EL用蛍光色素	電流（キャリアー注入）	発光
複写機プリンター	電子写真感光体用顔料（有機光導電性材料）	光	半導体化
複写機プリンター	昇華感熱転写用色素	熱：昇華による移動	発色
複写機プリンター	インクジェット用色素	熱：発泡	発色
複写機プリンター	トナー用色素（電荷制御剤）	熱：発泡	発色
光ディスク	DVD，CD-R 記録用色素	半導体レーザー光：熱	熱分解

図1.3　エレクトロニクス用機能性色素：入力エネルギーと利用現象

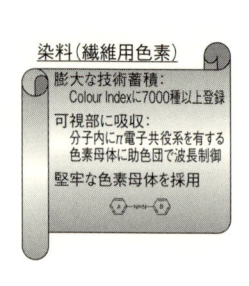

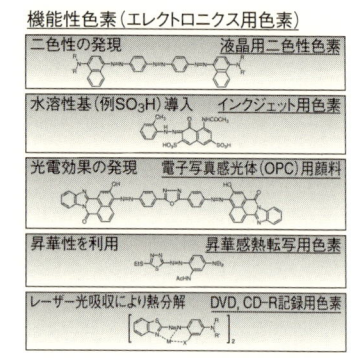

図1.4 アゾ系色素を例にしたエレクトロニクス用機能性色素

属錯体色素の工業化（1997年：三菱化学）など，いずれも日本発の発明である．今日では，身近なわれわれのオフィスや家庭において，それらの数多くの実用例を見ることができる．

エレクトロニクス関連色素を分類すると，情報記憶用，情報記録用，情報表示用およびその他に大別できる．光・熱・電気などの入力に応答して，いろいろな機能を出力する代表的な機能性色素について図1.3に，アゾ系色素を例にしたエレクトロニクス用機能性色素を図1.4に示す．

1.2 アナログからデジタルへ

振り返ってみると，この20年くらいの間に，時代の流れはアナログ（analog）からデジタル（digital）へ，ユビキタス社会に向けた大きなパラダイムシフトが起きたことがわかる．図1.5に記録保存の世界のパラダイムシフトを示す．

1877年のエジソンの発明以降，120年間も愛用されてきたレコー

1.2 アナログからデジタルへ

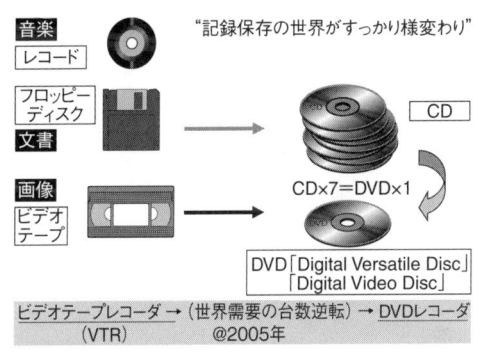

図 1.5 記録保存の世界のパラダイムシフト

ドがほんの数年の瞬く間に CD（コンパクトディスク）に置き換わってしまったという衝撃は記憶に新しく，その後 CD-R の急激な普及があり，さらに，記録型 DVD はビデオテープに取って代わった．映像・音声を含むマルチメディア情報はメモリの大容量化をますます促進した．本書の第 3 章および第 4 章に詳細に述べる CD-R や DVD-R などの色素系光ディスクは，安価で大容量そして，容易に持ち運びが可能なデジタル記録媒体として，音楽，映像，コンピュータのデータなど，さまざまな分野で広く使用されるようになった．

図 1.6 に世界の記録保存データ量の推移について示す．1995 年から 2004 年までの 9 年間に世界の保存データ量は約 1,300 倍になった．これに応えるかたちでディスク 1 枚あたりの容量は約 2,300 倍となったことがわかる．これは大変興味深いデータであり，驚くべきことである．現在ではますますこの傾向が加速し，情報爆発社会が到来したといえる．

筆者は，エレクトロニクス分野での色素開発の醍醐味は，新しい

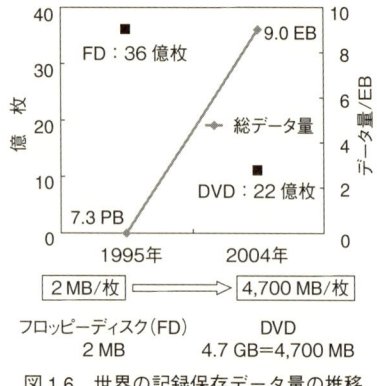

図1.6 世界の記録保存データ量の推移

コラム3

記録容量の単位：kB, MB, GB, TB, PB, EB

コンピュータの記録容量の単位には，右の表に示したようなものがある．「キロ」という単位は，1,000を意味する．1,000という数字は10の3乗である．「メガ」という単位は，1,000,000を意味する．1,000,000という数字は1,000の2乗，つまり（10の3乗）の2乗＝10の6乗である．このように，「キロ」や「メガ」など右の表の単位は，10の3乗（1,000）を単位として計算する．

たとえば，TB（テラバイト）の記録容量は，100 GBのHDD（ハードディスクドライブ）が10台分の世界とイメージするとわかりやすいと思う．

また，ネズミの脳の実験から推論されたヒトの脳の記憶容量は10 TBとされている．

高機能の色素をデザインできる知恵比べであり,そして良い色素材料が見つかれば数年後には市場に出せる開発スピード感にあると思う.色素開発に関わってきて良かったと思うことは,自分が開発した色素を用いた製品が秋葉原電気街で販売されているのを目にしたときの喜びや,特許網を構築し,世界市場を独占できるという大きなビジネスチャンスを経験したことである.本書の扱う技術の世界は,そのようなダイナミックな技術展開を起こすことができる場であることを理解してほしい(前田,1998;2002;2003).

色素材料の大きな特徴は,無機材料と比べて多数の元素の組合せが可能で材料設計の自由度が広く,投資金額が少ないことや比較的単純なプロセスで成膜形成できる点にある.また,目的の機能性を

単 位	英語名 (省略形)	情報量
ビット	Bit (b)	
バイト	Byte (B)	$1 B = 8 b$
キロバイト	kilo Byte (kB)	$1 kB = 1,000 B$ $= 10^3 = 1,000 Byte$
メガバイト	Mega Byte (MB)	$1 MB = 1,000 kB$ $= (10^3)^2 = 10^6 = 1,000,000 Byte$
ギガバイト	Giga Byte (GB)	$1 GB = 1,000 MB$ $= (10^3)^3 = 10^9 = 1,000,000,000 Byte$
テラバイト	Tera Byte (TB)	$1 TB = 1,000 GB$ $= (10^3)^4 = 10^{12} = 1,000,000,000,000 Byte$
ペタバイト	Peta Byte (PB)	$1 PB = 1,000 TB$ $= (10^3)^5 = 10^{15} = 1,000,000,000,000,000 Byte$
エクサバイト	Exa Byte (EB)	$1 EB = 1,000 PB$ $= (10^3)^6 = 10^{18} = 1,000,000,000,000,000,000 Byte$

発揮するように化学構造の設計を駆使して,有望なリード色素骨格を見つけるまでは大変であるが,日本人が得意とするきめ細かさを生かせる研究ターゲットであるといえる.なお,このような最先端の研究開発で留意すべきは,開発当初は評価手法が未確立なため,材料メーカーとハードメーカーの密接なコミュニケーションが重要であることはいうまでもない.

文　献

[1] R&Dレポート (1981)『機能性色素の化学』, シーエムシー出版.
[2] 前田修一 (1998) 新規エレクトロニクス材料 (色素) 開発の現状と応用展望,『エレクトロニクス用機能性色素』(時田澄男 監), pp.26, シーエムシー出版.
[3] 前田修一 (2002) CD-R, DVD-R色素系光ディスクの開発動向, 色材協会誌, **75** (4), 172.
[4] 前田修一 (2003) 次世代色素系光メモリ, 化学と工業, **56**, 777.

第2章

有機系光記録材料のあけぼの

2.1 色素系光ディスクの歴史

　光ディスクは，レーザー光源を用いた光ピックアップにより，非接触で情報を記録したり再生することが可能なため，信頼性が高く，メモリ容量の大きい媒体交換型の情報記録媒体として社会に受け入れられている．これを支えている優れた技術要素は，次のようにきわめて広範囲に及んでいる．レーザー光源，ピックアップ光学系，メカトロニクス　アクチュエータ，サーボ制御，アナログおよびデジタル回路，エラー訂正，変復調符号理論，ディスク基板，記録材料，特性測定および評価，サブミクロン精度の微細加工，メモリ装置を不具合なく動作させるためのシステム化などが挙げられる．このうちとくに2つの要素技術を紹介したい．ひとつは，半導体レーザー技術の出現であり，2つめはこのレーザーを用いたヒートモード記録技術の出現である．要するに，レーザーの波長，出力，安定性などに関する技術の進歩が，光ディスクの開発を促進してきたといえる．

2.1.1 半導体レーザー技術の出現

　半導体レーザーの室温連続発振が成功したのは，1970年代のことである．I. HayashiらがAlGaAs-GaAsダブルヘテロ接合により室

温でのレーザー発振に成功した（Hayashi *et al.*, 1970）．それまでのガスレーザーに比べて，半導体レーザー（laser diode；LD）は，小型で消費電力が少なく，低価格化も可能という特徴を有しているために，光ディスクのような大量生産を前提にする装置に組み込むレーザー光源として注目され，それら装置の実用化に対してきわめて重要な役割を果たしてきた．

2.1.2　ヒートモード記録技術の出現

　単一の波長で位相の揃ったレーザー光は，従来の光にない直進性と集光性を有しているために，エネルギー密度の高い微小光スポットを得ることができる．レーザー光のエネルギー密度の高さに着目して新しい記録技術が出現した．

　1966年，National Cash Resister 社の C. O. Carlson らは，光波長 632.8 nm の HeNe ガスレーザーを用い，基板上の金属または有機物の薄膜に対して，レーザー光スポットを変調・照射しながら走査することによって，400 lines/mm 以上の高解像度で文書の縮小記録を行ったことを発表した（Carlson *et al.*, 1966）．このときに用いられた記録膜としては，鉛（Pb），タンタル（Ta）の蒸着膜，およびトリフェニルメタン色素をプラスチック・バインダーに混ぜた塗布膜が示されている．この方式の記録のことを，彼らは，「レーザー・ヒートモード記録」とよび，レーザー・ビームからのエネルギーの吸収によってひき起こされる記録媒体の検出可能な物理的・化学的変化と定義した．

　「レーザー・ヒートモード記録」の第一の特徴は，それまでの写真技術のように露光後の現像，定着といった後処理を必要とせず，その場で，即座に再生できることにある．また明所で扱え，追加記録も容易にできる．これは光ディスク技術にとって非常に重要な記

録媒体特性のひとつになっている．したがって，「レーザー・ヒートモード記録」は，それ以前のハロゲン化銀乳化剤写真，ジアゾニウム塩写真などにない画期的な光記録技術であるといえよう．第二の特徴は，光の波長によって決まる回折限界までレーザー光を絞り込むことによって得られる高分解能と高エネルギー密度にある．このために，構成が単純で比較的低感度の記録媒体を利用することが可能となり，低コストで大容量の情報記録方式として注目されるようになった．

ヒートモード記録による記録は穴あけであり，記録材料が高温に熱せられ，昇華あるいは分解，気化などにより，部分的に消滅するものである．最初に文書ファイルで実用化されたのは金属テルル (Te) であった．450℃ 程度で昇華し，熱伝導率が低いことを特徴としている．しかし，酸化による変化や毒性など課題があった．

それに対抗する有機色素系の追記型媒体が多数開発された．当初は，バインダー中に色素を分散させたものが主であったが，記録密度を高めるためにバインダーを使用しないで色素密度を高めることが検討され，シアニン系，ナフトキノン系，フタロシアニン系色素などが発表された．有機化合物は，光吸収が大きく，分解して穴を形成する温度が一般的に金属の昇華温度より低く，また熱伝導率が小さいために感度が良く，記録された信号の品質も良いと考えられていた．実用化された色素はいずれも溶剤に溶けて，スピンコートできる材料で，生産性向上のうえでも注目された．

2.1.3　エアーサンドイッチ方式の光ディスク

有機系光記録材料で実用化された「エアーサンドイッチ方式の光ディスク」の層構成について説明する．図 2.1 に示すように，同じ厚みの基板を 2 枚貼り合わせ，内部が中空の構造になっているこ

レーザー光

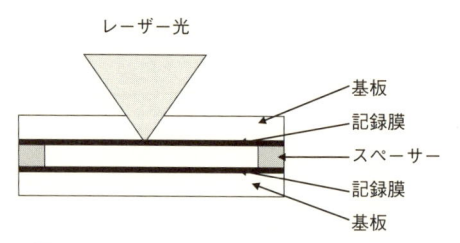

図 2.1　エアーサンドイッチ方式の光ディスク

とに注目してほしい．2枚を貼り合わせる理由は，基板が反りにくいようにするためである．また，中空にする理由は，すき間をつくることにより，いわゆる穴あけ型の記録を可能にするためである．

穴あけ型というのは，追記型の光ディスクが採用してきた方式で，レーザー光を基板を通過して入射させ，記録層に吸収させて，温度上昇によって昇華などを生じさせ，穴をあけてヒートモード記録とする，というものである．昇華などにより物質を飛ばすために，記録層の一方は空間に面していることが必要であった．

2.2　色素記録膜に要求される特性

記録膜に用いる光ディスク用色素に要求される重要な項目を表

表 2.1　光ディスク用色素に要求される重要な項目

(1) 光学特性：吸収波長・反射波長を，半導体レーザー光にマッチさせること，吸収係数が大きく，反射率が高いこと
(2) 熱特性：変化ができるだけ急激であること，融点や分解点・昇華点が適当であること
(3) 安全性：毒性がなく，安全に使用でき，廃棄できること
(4) 成膜プロセス：基板への影響のない塗布溶媒に十分に溶解すること
(5) 薄膜特性：バインダーなしで，アモルファス薄膜が長期安定であること
(6) 記録再生特性：高速記録対応，記録品位
(7) 耐久性：耐熱性，耐湿性，耐光性，その他保存に十分耐えること

2.1 に示す.

2.2.1 光反射・光吸収特性

反射型光ディスクでは,情報再生信号だけでなく,自動焦点制御,自動トラック追跡制御に必要な信号も反射光から得ている.したがって,反射光からの信号の S/N(シグナル/ノイズ)比の確保が重要になる.また,必要な信号レベルを得るためには,少なくとも 10% の反射率が必要である.一方,情報を記録する際には,光吸収率の大きいほうがレーザー照射光を効率良く熱に変換できるので都合が良い.記録膜に入射する光エネルギーを 1 とすると,その収支は,式

$$T + A + R = 1 \quad T:透過率,A:吸収率,R:反射率$$

で与えられるため,T を小さくして A と R を大きくすると良いことがわかる.そのためには,記録膜の光学定数の最適化とそのための材料設計,および厚みの最適化を図る必要がある.

2.2.2 熱 特 性

ヒートモード記録においては,記録温度(記録に必要な温度)を低くすることが,記録感度の向上につながるので,融点,沸点,分解温度,変形温度などの低い材料が選ばれる.一方,読取り再生時や記録保存時には安定性を要求されるので,記録温度をあまり低く設定できないという制限があることも覚えておいてほしい.

レーザー光照射により記録膜に発生した熱は,時間とともに拡散していく.熱が記録層から逃げやすいと,同じ熱量が発生しても温度が高くならず,記録感度に不利に作用するばかりでなく,記録膜上の温度分布も光照射パターンに比べてぼやけるので,分解能も低

下する．有機材料は，金属材料に比べて熱伝導率が 1/10〜1/100 であり，この点において有利な特性をもっている．

一点理解してほしいのは，有機材料を用いても，記録層の厚みが厚くなると記録層自身の熱容量のため，温度が上がりにくくなり，感度的にも不利であることである．したがって，熱特性からも記録膜は薄くて光吸収率の大きい材料が好ましい．なお，コンピュータによるシミュレーションによって，記録膜近傍の温度分布をさらに詳細に推定することができる（Suh and Anderson, 1984）．

2.2.3 記録感度

光ピックアップの出射レーザー・パワーには限りがあるため，低いパワーで高速記録ができること，すなわち，記録膜は高感度であることが望まれている．感度は，光学特性，熱特性と深い関係があり，薄くて光吸収率が大きく，低い温度で変化する材料を記録膜に用い，さらに，熱伝導率の小さい材料で記録膜とその周囲（基板・下引層，保護層など）を構成することが，高感度化への指針である．

2.3 有機色素薄膜の製造プロセス

光記録材料を設計する場合にも，薄膜形成方法の選択はきわめて重要で，形成方法により，薄膜は望みの光記録特性を発揮することもあれば，そうでないこともある．有機系光記録材料で実用化された唯一の製造方法はスピンコート法による塗布方式であり，これは常温・常圧のため，製造装置への投資額も少なく，かつ，真空系を用いない常圧のため生産性も高く，高い稼働率で製造できる特徴がある．一方，無機金属系材料の成膜で用いられる真空系の場合，製

造上のトラブルがあるたびに真空度を常圧に戻して，トラブルが解消してから再度真空度を上げるプロセスが必要なため，その間製造がストップしてしまうので，生産性に関して本質的な課題を抱えている．表2.2に有機色素系と無機金属系の比較をまとめたので特徴を理解してほしい．

回転塗布法（スピンコート塗布法）の長所は，数秒〜数十秒で記録膜を形成できるので，生産性に優れ，製造コストを低く抑えられることである．図2.2に回転塗布機の概念図を示した．ディスクを

表2.2 有機色素系と無機金属系の比較

	有機色素系	無機金属系
記録層の材料設計	多数の元素の組合せ	使用元素が限定される
材料の安全性	選定できる	限定される
記録層の成膜	スピンコート法 （常温・常圧）	真空スパッタ法
製造装置投資額	比較的低	比較的高
層構成	単純	多層

スピンコート方法
（ディスク基板を回転しながら，常温，常圧条件下で塗布）
有機溶媒を除去乾燥後，50〜100 nmの均一な薄膜形成

色素塗布液
ポリカーボネート基板

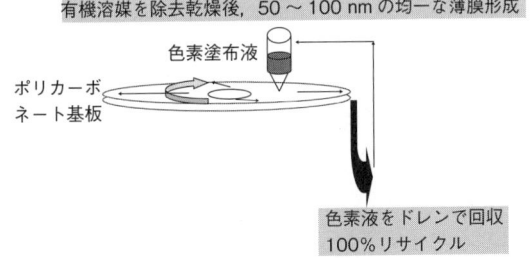

色素液をドレンで回収
100％リサイクル

図2.2 回転塗布機の概念図

回転しながら，色素を有機溶媒に溶解した色素塗布液を常温・常圧で滴下して，有機溶媒を乾燥除去したのち，50〜100 nm の均一な薄膜を形成することができる．単純なプロセスに見えるが，塗布環境や色素液のリサイクルなど，実際の製造工程ではさまざざまなノウハウの工夫が凝らされている．

　色素塗布は，色素を溶媒に溶かした色素溶液をスピンコートすることによって行われる．記録再生特性は色素膜厚により大きく変化するため，その制御が重要である．色素膜厚を安定して制御するため，色素溶液の濃度，塗布室の温度・湿度の管理がなされている．また，ディスクの半径方向の膜厚制御も重要であり，これはディスクの振り切り回転数を変化させるシーケンスで調整される．色素塗布後，ディスクを高温で保持することにより，スピンコート後にディスク上に残った残留溶媒は除去される．

　一方，短所は，有機溶媒を使うために，有機溶剤に侵されない基板，あるいは侵さない有機溶剤を選択する必要があることである．実用的には，光ディスクに用いる透明基板はポリカーボネート樹脂を射出成形して用いているので，塗布有機溶媒の選定がポイントである．ポリカーボネート樹脂は，モノマー単位の接合部はすべてカーボネート基（–O–(C=O)–O–）の化学構造で構成されている．このようにエステル基をもつために，アセトン，酢酸エチルやクロロホルムなどの有機溶媒は基板を溶かしたり白化させたりするので使用できない．そのため，アルコール系など無機性の高い（極性の高い，疎水性が低い）溶媒かあるいは有機性の高い（極性の低い，疎水性が高い）溶媒系を使用している．シアニン色素などでは，フッ素アルコール系溶媒を使用する．フタロシアニン色素は，有機性の高い溶媒系（例：ジブチルエーテル系やシクロヘキサン系など）を使用する．

2.4 色素開発の例

有機色素材料はその優れた熱特性(低い熱伝導率,低い熱拡散係数など)から,金属テルル(Te)を上回る光ディスク特性が期待されていたが,開発当初,半導体レーザー発振領域(800 nm 前後)に強い吸収をもつ近赤外色素材料は非常に少なかった.シアニン系色素やアズレニウム色素などが検討された(Oba et al., 1986;Miyazaki et al., 1987)が,本書では,筆者らが開発したインドアニリン系金属錯体色素を紹介したい(Maeda et al., 1990).

2.4.1 インドアニリン系金属錯体色素の分子設計

図 2.3 に示した色素は,インドアニリン系化合物の配位子と金属イオンおよび対イオンを組み合わせてデザインしたものである.たとえば,色素 (5-14) は,8-ヒドロキシキノリンと N,N-ジブチルトルイレンジアミンを縮合して得たインドアニリン系化合物を配位子をとして用い,ニッケル(Ni)イオンと錯体化することにより容易に合成できる.

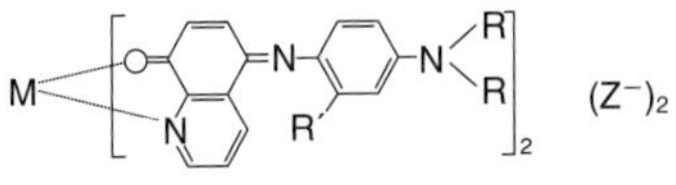

(5-9) M=Ni, Z=ClO$_4$, R′=CH$_3$, R=C$_2$H$_5$
(5-10) M=Co, Z=ClO$_4$, R′=CH$_3$, R=C$_2$H$_5$
(5-11) M=Ni, Z=BF$_4$, R′=CH$_3$, R=C$_2$H$_5$
(5-12) M=Ni, Z=ClO$_4$, R′=H, R=C$_2$H$_5$
(5-13) M=Ni, Z=ClO$_4$, R′=CH$_3$, R=C$_3$H$_7$(n)
(5-14) M=Ni, Z=ClO$_4$, R′=CH$_3$, R=C$_4$H$_9$(n)

図 2.3 インドアニリン系金属錯体色素

2.4.2 インドアニリン系金属錯体色素の溶液および薄膜特性

表 2.3 に示すように,インドアニリン系金属錯体色素はクロロホルム溶液中では 785〜802 nm に吸収を示し,モル吸光係数は 68,000〜157,000 と強い光吸収強度を示した.薄膜での吸収は 792〜810 nm の領域に極大吸収があり,ほぼ溶液の極大吸収と同じ値である.色素薄膜の反射率は 35〜45% であり,高い値を示すことがわかった.次に,色素薄膜の安定性を高温・高湿の加速試験条件で評価した結果,金属イオンがコバルト(Co)の色素(5-10)が最も劣り,R' が水素原子の色素(5-12)や Z が BF_4 の色素(5-11)が劣ることがわかった.色素(5-9),(5-13)および(5-14)は 90% 以上の安定性を示した.このうち色素(5-14)はほとんど劣化がみられず,優れた高温・高湿耐久性を示すことが明らかとなった.以上をまとめると,金属イオンは Ni,対イオンは ClO_4,置換基 R' は CH_3,置換基 R は長鎖アルキル($C_4H_9 > C_3H_7 > C_2H_5$ の順で安定)のほうが薄膜の安定性に優れることが明らかになった.そのなかでも,とくに,置換基 R の長鎖アルキル基が色素薄膜安定性への寄与が大きいことには驚かされる.このように金属イオンの種類,置

表 2.3 インドアニリン系金属錯体色素の溶液および薄膜の光学特性

色素番号	クロロホルム溶液		薄 膜		
	λ_{max}/nm	ε	λ_{max}/nm	反射率(%)[1]	安定性[2] (R_{500}/R_0, %)
(5-9)	795	155,000	795	45	90.5
(5-10)	802	68,000	795	43	41.5
(5-11)	795	154,000	800	40	80.5
(5-12)	785	139,000	792	35	72.6
(5-13)	799	150,000	801	43	92.4
(5-14)	801	157,000	810	41	97.0

1:分光光度計にて測定,800 nm における値
2:R_{500}/R_0 は加速試験(65℃,85% RH,500 時間)後の初期(0 時間)と 500 時間後の反射率の比

図 2.4 インドアニリン系金属錯体色素薄膜の光耐久性

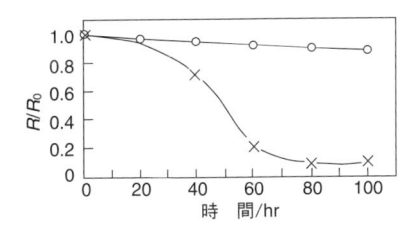

凡例:
- ○ : インドアニリン系金属錯体色素
- × : シアニン色素

換基，対イオンの分子設計の工夫により，光学特性に優れ，耐久性のある色素薄膜を作製することができたことに注目してほしい．

さらに，インドアニリン系金属錯体の色素 (5-14) 薄膜は，可視部および紫外部の光に対してきわめて安定であることを図 2.4 に示す．興味深いことに，キセノンフェードメーターによる加速条件下，60 時間後においてもほとんど反射率の変化は見られなかった．一方，比較のニッケル錯体クエンチャーを含有したシアニン色素は，この同じ加速条件下 60 時間後には，20% の残存率であった (図 2.4)．インドアニリン系金属錯体色素は，シアニン色素系に比べてきわめて高い耐光性を有することがわかった．

2.4.3 インドアニリン系金属錯体色素の記録再生特性

色素 (5-14) を用いて，エアーサンドイッチ構造の光ディスクを作製した．記録パワーに対する再生信号の CNR (carrier-to-noise ratio) および SHD (second harmonic distortion) 値を，図 2.5 に示す．CNR 値は，55 dB 以上の良好な値を示し，SHD 値は，記録パワーが 6.0 mW のところで，-40 dB を観察した．これらの実験結果から追記型記録媒体としての十分な特性を示すことがわかった．

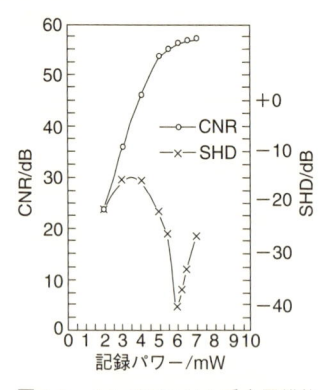

図 2.5 インドアニリン系金属錯体色素の記録再生特性

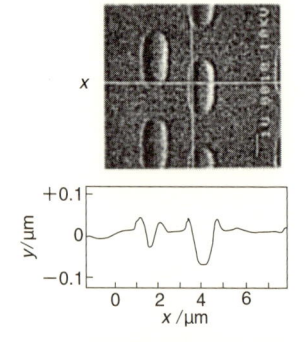

図 2.6 SEM 写真および記録ピットの断面部

また，光学記録システムにおける連続再生をした結果，0.6 mW 以下の読み出し光で 10^6 回再生しても安定であった．この結果から追記型光記録媒体として良好な性能をもつことが明らかとなった．

図 2.6 に走査型電子顕微鏡（SEM）写真および三次元形状器付き電子顕微鏡による記録ピットの断面部を示した．高い CNR 値および低い SHD 値から推測されるように，記録ピットは，リム（土手）をもち，対称的な形を有していることが明らかになった．さらに，ピットの深さは，色素薄膜の膜厚とほぼ同じで，レーザービームの照射によって色素の 50〜70 vol% が昇華していることが推定された．

文 献

[1] Carlson, C. O., *et al*. (1966) *Science*, **154**, 1550.
[2] Hayashi, I., *et al*. (1970) *Appl. Phys. Lett.* **17**, 109.
[3] Maeda, S., *et al*. (1990) *Mol. Cryst. Liq. Cryst.*, **183**, 491.

コラム4

光ディスク用記録材料

　光ディスク用記録材料では，光に対する性質と熱に対する性質がともに重要な役割を果たすため，無機材料と有機材料の両方がその対象となり，現在それぞれが補完するかたちで共存するという状態にある．初期には無機金属材料テルル（Te）を主体とするものが多かったが，1986年に初めてシアニン有機色素単層膜を用いたパイオニア社とリコー社の共同開発による200 mm径の光ディスクが発売された．

　一般に，光ディスクの種類は，読出し専用タイプと記録可能なタイプがある．記録可能なタイプのディスクには，1回だけの書込み可能な追記（write once）型とよぶものと，何度も記録・読出し（再生）・消去が可能な書換え（rewritable）型とよぶ2つがある．

　光ディスクの記録方式および材料には，種々の提案があるが，大きくヒートモード記録とフォトモード記録に大別される．ヒートモード記録は，光エネルギーを熱に変えて記録材料を昇温させ，物性の熱変化を利用して記録を行う．フォトモード記録は，光のエネルギーをそのまま光反応に用い，物性変化を誘起して記録する方式である．有機系光記録材料としては，両方のタイプが研究されたが，実用化された技術は，ヒートモード記録方式および材料であった．ここでは，有機系記録材料でこれまで実用化されたものはいずれもレーザー光を吸収し，それにより発生する熱を利用した「ヒートモード記録」であり，光反応による「フォトモード記録」ではないことを覚えておいてほしい．光による記録には熱的な干渉が少ないと考えられ高密度化に有利であり，また，熱による物質移動や形状変化などに比べて高速性が見込めるなど多くの期待が向けられていたが，課題が多く，いまだに実用化された例はない．

[4] Miyazaki, T. *et al.* (1987) *Jpn. J. Appl. Phys.*, **26**, Suppl. 26-4, 33.
[5] Oba, H. *et al.* (1986) *Appl. Optics*, **24**(22), 4023.
[6] Suh, S., Anderson, D. L. (1984) *Appl. Optics*, **23**(22), 3965.

第3章

日本発の発明：CD-R

3.1 CDの誕生

　光記録は，高密度・大容量の期待を担い，1960年代から開発されてきた．光の回折限界は波長のオーダーであり，それまでの磁気記録の記録密度と比べるとはるかに高密度記録が期待された．光ディスクが商品として実際に脚光を浴びたのは，1981年，フィリップスとソニーの2社によって規格化され，翌年秋に発売されたCD（コンパクトディスク）が最初である．それまでに，ビデオディスクとして開発されてきた大型の光記録媒体に比べ12 cmという手のひらに乗る大きさのため，コンパクトディスクと名づけられた．CDの開発の動機に音楽産業の退潮傾向に対する危機感があったことは案外知られていない．エルビス・プレスリーやビートルズの隆盛をピークに，当時，LPレコードの売上げが明らかに減少に転じていた時期であった．

　CDは単なる凹凸で信号が形成されており，プラスチック材料の射出成形という大量生産に適した製法でつくられていた．また，媒体を再生するための機器も光照射とその戻り光の検出という単純な機構であった．

　CDの誕生をCDの歴史の第一幕とするなら，第二幕はCDの用途をLPレコードの代替に限定せずに，広くデジタルデータの記録

媒体へと機能拡張したCD-ROMの着想であった．そして，第三幕は，日本発の発明CD-Rであった．

3.2 日本発の発明　CD-R

1988年，太陽誘電からCD-Rの規格提案があった．これはこれまでにないまったく新しい発明で，光ディスクの研究者や業界に衝撃を与え，光ディスクの技術や市場を根底から変えてしまった．図3.1にCD-Rの位置づけを示した．

CD-Rの開発者である浜田恵美子は「日本発CD-Rの開発と発展の中で，CD-Rは世の中の何を変えたか」と題して，次のように述べている（浜田, 2007）．

「媒体であるオーディオテープを代替した．ソフトウエア制作プロセスを様変わりさせた．CD（コンパクトディスク）トレイが標準装備されるようになり，フロッピーディスクドライブ（駆動装置）を代替した．ビデオ録画をVTR（ビデオテープレコーダー）から記録型DVDへ代替した．配布できる大容量電子媒体を実現した．オーディオテープ，フロッピーディスク，ビデオテープなど一

CD-R　→　記録すると　→　CD規格そのもの
＊CD規格に物理的互換

特徴
・書換えできず，改ざんできない初めての媒体
・CD-ROMがデスクトップで安価に作成できる
・オーディオCDをどこにでも持っていける

図3.1　CD-Rの位置づけ

般ユーザーの記録保存の世界がすっかり様変わりした」と．

CD-Rが市場に受け入れられた要因は，第一に「互換性」である．「互換性」があるために，CDが使えるどの用途にも適用することができた．それは，市場を一つひとつ開拓しなくても，自然に拡大していく大きな要因となった．イノベーションが受け入れられるうえで「互換性」は重要な項目である．Scott Berkun（スコット・バークン）は「イノベーションの神話」で，イノベーションの普及速度を決定する5つのファクターのひとつとして「互換性」を挙げている（Berkun, 2007）．

「互換性．現在の状態からそのイノベーションを導入するにはどれだけの取り組みが必要となるでしょうか？　このコストが相対的なメリットを上回ってしまうと，ほとんどの人はそのイノベーションを試してみようとは思わなくなるでしょう．こういったコストには，人々の価値感，財政状態，習慣，個人の信念といったものが含まれます．（中略）イノベーションは習慣，信念，価値感，ライフスタイルとの互換性を持っていなければならないのです．」

CD-Rの開発者の一人である前出の浜田恵美子は「互換性」について，次のように述べている（浜田, 2007）．「それまでの光ディスクで『互換性』の実現がされなかったのは，まず，高反射率で高感度な記録媒体の開発は無理であると考えられていたためである．また書き換えをせずに，一度しか書かないというコンセプトと互換性との親和性が理解されていなかったと思われる．あるいは，互換性のある記録媒体に大きなニーズがあることそのものが，正確に認識されていなかったと考えたほうがよいかもしれない．」

CD-Rが普及した2つめの要因は「低コスト」である．ビットあたりの価格はこれまでの記録媒体と比べると安価であった．その理由は，従来のカセットに入っていた記録媒体に比べると平板で取り

コラム 5

CD-R,DVD-R のコンセプト

　光ディスクは,再生専用から追記型,書換え型に進化すると 1980 年代にはさんざん聞かされたものだ.しかし,CD から DVD,BD とコンテンツの入った光ディスクは発展した.そして追記型の光ディスクである CD-R,DVD-R も,オーディオからビデオやパソコンのデータの記録媒体として広く使われるようになった.CD が追記型に進化したわけではない.

　技術のロードマップというのが,いろいろなところで求められる.将来のマーケットが見えていればそんなものは要らないが,わからないものだから,技術のオプションを「進化」と書くことになりがちだ.しかし,使われ方が異なる製品であれば,比べるのもおかしい.製品のコンセプトが,CD と CD-R では異なる.印刷物とノートでは,紙ではあっても製品の性格がまったく異なるわけである.技術に共通点があっても,出来上がった製品は,商売上も流通も価格もまったく別なものになるというところがおもしろいところでもあり,ロードマップの盲点である.

　印刷物と紙というたとえは,CD-R にも重ねることができる.紙があれば,印刷という技術はいらないとは誰も思わない.短時間に大量に印刷する技術は,産業革命をもたらした.印刷の技術はそれほど社会に大きなインパクトを与えている.CD もまた,レコードを駆逐するほどの大きな影響を及ぼした.そこにコンテンツがあるからである.紙も CD-R もそれらを支える素材のような脇役である.なぜ脇役だが大事な存在になるのか,それは互換性があるからである.印刷物と同じ形態のものを手で書ける.CD-R も CD と同じ形態のものを自分でつくることができる.

　互換性,この言葉にも深い意味がある.一般に互換性というと,同時期の製品間で共通利用できることをさす.あるいは,新しい製品が過去のどの製品を

サポートするか，という局面で登場することも多い．過去の資産を無駄にしないという消費者保護の観点での互換性である．これを上位互換性，アッパーコンパチビリティなどという．CD-Rの互換性はまったく違う．すでにあるCD規格に対応できるまったく別の技術による製品がCD-Rである．これを下位互換性，ダウンコンパチビリティという．もちろん同じ機能しかないのであれば，CDで十分である．以前からの規格を守りながら，記録できるという新しい機能を追加したのである．それは紙と印刷とは逆の順番での登場である．それがCD-Rのユニークさである．ともかく，ここで印刷物とノートと同じ関係がコンピュータ上にも登場したことになる．

さて，書換え型光ディスクはここには必要だろうか？ 紙と比較してみれば，違いはまた歴然としている．紙を全部消して再生することはしない．書換え型は，まさしく「コンピュータ」の機能の一部である．光ディスクでも，磁気ディスクでも，USBメモリでも何でもよいのである．紙の代わりではない．書き換えるという機能が果たす役割は，配布や保管の目的とは別である．

つまりは，製品のコンセプトと技術とは直接関係はない．そんな当たり前のことが，ついつい見すごされている．技術を商品にするという発想からは気づかない．市場が求める商品が，技術を必要としている．そのあたりが技術とマーケットの出会いの幸と不幸を左右するようである．ちなみに，CD-RやDVD-R（つまり紙）は次に何に進化するか？ という質問をいつまでも繰り返されるのには閉口したことも付け加えておこう．ご自由に考えてくだされば結構である．

（浜田恵美子：名古屋工業大学 教授，（元）太陽誘電（株））

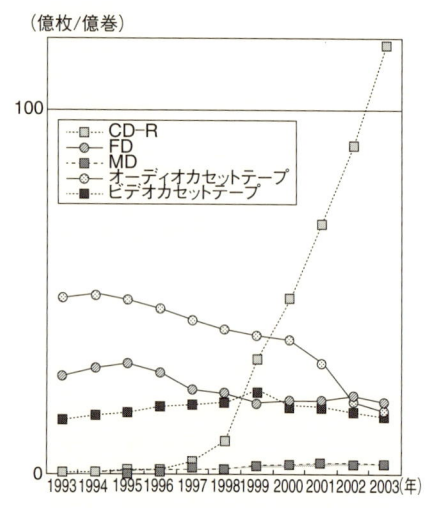

図3.2 主な記録メディアの市場推移状況
(中島平太郎, 2005)

扱える商品形態であり,製造するうえでも対応しやすいものであった.対応するドライブ装置のほうも,商品化された当時1993年は業務用(出荷台数は約2万台,価格は百万円)であったが,2000年には一般向け(出荷台数は3,500万台,価格は数万円)まで普及した.

CD-Rはデジタル化の時代にタイムリーに登場した製品であった.ディスク媒体はアクセス性がよく,パソコンが普及した時代には,テープ媒体に大きく差をつけることになった.テープからディスク媒体に切り替わるタイミングにも合致したといえる.また,その当時,日本には光ディスクに関連するあらゆる基幹技術がそろっていた.半導体レーザー,光学レンズ,光ヘッド,モーター系,ドライブ(駆動装置)の高度な基幹部品のかなりの部分が日本製であ

コラム 6

CD-R 誕生物語

　CD-R の開発者の一人である筆者（中島平太郎）は，開発時の生みの苦労について次のように回想している（*JAS Journal*, 4 月号臨時増刊 (1997)）．

　「1982 年に CD を商品化したが，CD につづく夢として，好みの歌手の好きな曲を集めた CD のアルバム作りやサークルで演奏した音楽の CD 化をやってみたい．その夢の実現には，記録したディスクは市販の CD プレーヤーで再生できなければならない．その可能性をもつディスクは，有機色素を記録層とする CD-R しかないだろう．ということで，ここに目線を合わせて，記録ディスクの評価装置を作ってもらった．1985 年のことで，ディスクメーカー数社から相次いで評価の依頼がきた．しかし，どの会社の試作ディスクも光の反射率をクリアできずに CD プレーヤーにかからなかった．1988 年の夏，ディスクの開発に目途がついたとの連絡をうけた．早速それに対応する記録機の実用化プランを練ったが，当時のまわりの反応は，きわめて冷ややかであった．『1 回しか記録できない』その技術はむしろ過去のもの，今は記録再生自在のメディア開発が本流であると．『市販の CD プレーヤーにかかる．』という大きな利点を認める人は皆無といってよかった．それでも数人の技術者が夢を理解し，記録機を作ってくれた．『好みの CD を短期間に 1 枚から作ります．』というキャッチフレーズを掲げて，ビジネスを開始したのが 1989 年 6 月であった．最初の 1 ヶ月に売り上げたディスクは僅かに 27 枚，売上金額 8 万円余りで，8 人の従業員を抱えてあまりにもひどいスタートであった．しかしながら，とにもかくにも，CD-R を商品として世界で始めて世の中にだしたという自負だけが仕事をつづける支えとなった．」

　　　　　　　　（中島平太郎：スタートラボ（株），（元）ソニー（株））

る.電機業界の有力メーカーが日本にそろっていて,集中的な競争環境ができたことがこの優れた発明には重要な素地となった.

CD-R は 2003 年の世界生産枚数が 100 億枚と,商品化されて発売以来わずか 15 年で歴史上最も多い生産・出荷量を誇るまでになった.図 3.2 に,ふじわらロスチャイルドリミテッド社の調査による主な記録メディアの市場推移状況を示した(中島,2005).

3.3 CD と CD-R の比較

CD-R は CD と再生の互換性をもつことを特徴に開発された.ディスクの形状は大きさ,厚みとも CD と同じでなくてはならない.外径は 12 cm,内径は 15 mm,基板厚みは 1.2 mm,そして総厚は 1.2〜1.5 mm である.完全に互換性をもたせるために,CD と同じく単版で密着積層のみで構成し,貼合せなどの手段は講じてい

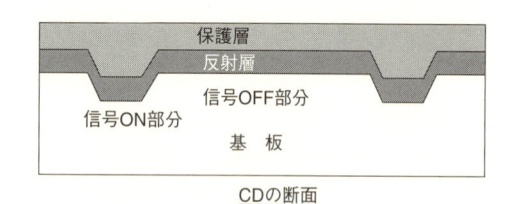

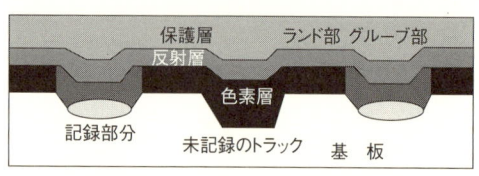

図 3.3 CD および CD-R の層構成の比較

ない．図3.3にCDとCD-Rの層構成の比較を示す．CDが基板・反射層・保護層の構成なのに比べ，CD-Rは色素層が1層多いところが異なる (Hamada *et al.*, 1989).

CD-Rは，「互換性」を確保するために，記録済み追記型ディスクはCD-ROMの再生装置で再生できなくてはならない．したがって，記録済みのCD-Rは反射率70%以上，信号の変調度60%以上というCD-ROM規格を満足しなくてはならない．無機材料を用いてこのような条件を満足することは非常に難しい．その結果，すべてのCD-Rには有機色素材料が使用されている．

CD-Rの記録層が有機色素でなければならなった理由について以下を挙げる．とくに，光学設計・熱設計がきわめて重要な条件であった．記録は有機色素の熱分解によるが，有機色素は低温で分解するので，高反射率と高感度を両立させることができた．有機色素の特徴は，(1)特性吸収があり，光学的に高い屈性率をもつ材料が得られること，(2)屈折率（相関する特性としては吸光度がある）の波長依存性を制御することができること，(3)記録特性に直結する熱特性（分解時の発熱吸熱反応）を制御することができること，(4)成膜時に真空を用いないスピンコート法を使うことができること，(5)プロセス的に簡易なもので実験，量産できるメリットがあること，などである．

3.4　CD-Rの層構成とその記録原理

CD-Rの層構成とその記録原理はどのようになっているだろうか．図3.4にCD-Rの未記録状態と記録状態の模式図を示す．

CD-Rは，透明基板の上に有機色素を使った記録層，反射層，保護層の3層が形成されている．射出成形ポリカーボネート基板

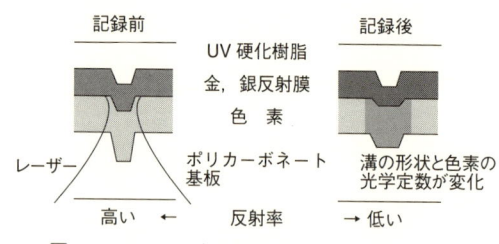

図 3.4　CD-R の未記録状態と記録状態の模式図

―――― コラム 7 ――――

CD-R 各層の材料と重量比較

CD-R の各層の材料と重量比較を図に示した．基板のポリカーボネート樹脂は 16 g 使用されている．金属反射層には金や銀合金が使われている．最初は，高価な金（Au）を用いたものが採用されたが，量産普及するにつれて銀（Ag）を主体とするものに代わっていった．最外層の保護層には紫外線（UV）硬化樹脂が約 50 mg 使用されている．

それでは，記録層に使われている色素は 1 枚あたりどれくらい使用されているのだろうか？　答えは，約 3 mg である．重量として，わずか数 mg，厚さ約 100 nm の色素層が重要な役割を果たしていることは驚くべきことである．

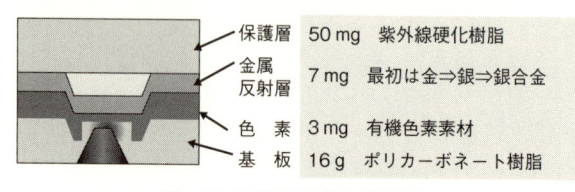

層	重量	材料
保護層	50 mg	紫外線硬化樹脂
金属反射層	7 mg	最初は金⇒銀⇒銀合金
色素	3 mg	有機色素素材
基板	16 g	ポリカーボネート樹脂

図　CD-R 各層の材料と重量比較

(CD-R は 1.2 mm, DVD-R は 0.6 mm 厚を使用) を用い, 色素溶液をスピンコート法で塗布して色素層を形成し, その上に, 金, 銀あるいは合金をスパッタして反射層を形成し, 最後に紫外線 (UV) 硬化樹脂で保護層を形成するものである.

コラム 8

銀反射層の採用—高反射率と低コストを達成—

金 (Au) 反射層を有する CD-R が標準だったころ (1994 年), 三菱化学は世界で初めて, 銀 (Ag) 反射層を採用した CD-R (商品名「Data Life Plus CD-R」) を上市した. これまで色素層に使用されていたシアニン色素は銀反射層と組み合わせると特性や寿命が悪くなるという問題があったが, 研究開発の結果, 独自開発したアゾ系金属錯体色素は, 銀反射層と相性が良いことが判明したからであった.

『理科年表』から引用したデータを図 (横軸：波長 (nm), 縦軸：反射率 (%)) に示した. 銀は幅広い波長域で高い反射率を有することがわかる. 銀は金より, 780 nm においては, 3% 程度反射率が高く, また 650 nm においては 5% 程度反射率が高い. まとめると, 銀は, 金より光記録に使用する半導体レーザー波長において, 反射率が高く, 1/10～1/50 程度安価であるという特徴があることがわかる.

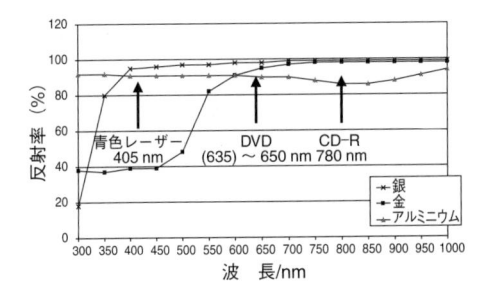

普通のCDと比較すると，記録層の1層が増えている．このため，ヘッドにもどるレーザー光は大幅に少なくなる．そこで，反射率を高めるために金や銀の薄膜が使用されている．この反射率は，CDの規格である65%以上を確保するため，色素の吸収のピークではなくすそ野を用い，屈折率の変化が大きくなるような媒体設計を行っている．

記録の原理は，レーザー光を吸収して色素層が発熱（約400℃以上）することにより行われるヒートモード記録である．吸収され熱に変換されたエネルギーにより，色素が分解し色素と基板が界面で溶融混合するか，あるいは色素またはその分解物が基板内に拡散して，基板が膨張変形するものであるとされている．ピットとよばれる記録された小孔は光学的には色素層の屈折率が変わり，基板部分が拡張することにより，戻り光の位相が周囲の部分より進むことになる．結果として，CDのピットと同じように位相差によるピットが形成されることになる．記録前および記録後の反射光の戻り光量が異なるので，その差をデジタル情報として読み取るものである．

3.5　CD-R用色素の分子設計

色素設計上の主なキーポイントを次に述べる．色素系光ディスクでは，レーザー光を吸収して色素層が発熱することにより生じる屈折率変化を読み取る記録原理のため，とくに色素の「光学特性」と「熱特性」の設計が重要である．CD-R用色素に求められる主要な特性を表3.1に示す．

光学特性の点からは，記録・再生に使用する半導体レーザー光の波長で適度な吸収があり，吸収の落ち方がシャープな色素であるこ

表 3.1　CD-R 用色素に求められる主要な特性

☆光学特性（Kramers-Kronig relations）
・記録・再生に使用する半導体レーザー波長（例 780 nm）で適度な吸収
（レーザー波長での屈折率を高くするため：吸収のピークではなく，すそ野を用いる）
・吸収形状がシャープ

☆モル吸光係数：感度の点から大きいほうが良い（目標 $\varepsilon = 10^5$ 以上）

☆薄膜安定：塗布溶媒への溶解性，安定なアモルファス薄膜の形成

☆熱特性：クリアな記録ピット形成のために色素重量のシャープな減量

とが必要である．高感度という点からは，吸収が大きいほど良いのだが，ROM（read only memory）との互換性に必要な高反射率を確保するためには，半導体レーザー光の波長にて吸収が少なく屈折率が大きいことを必要とする．色素の吸収と屈折率の関係は，Kramers-Kronig relations に則して設計される．また，良好な記録ピット形成の点からは，熱特性における色素重量の減量のシャープさが必要であり，対環境光や対再生光の点からは耐光性が必要である．バインダーを使用すると感度が落ちるのでバインダーを使用しないアモルファス薄膜状態が高安定性であること，さらにスピンコート塗布に適合するために，塗布溶媒に対して約 2〜6％ の高い溶解性を有すること，などが必要な特性である．ここで大事な点を指摘しておきたい．それは，透明基板としてポリカーボネート樹脂を用いているので，使用できるスピンコート溶媒が限定されることである．シクロヘキサンやアルコール系の溶媒は使用できるが，アセトンや酢酸エチルなどの溶媒は，基板を白化させたり溶かしてクラックを生じるので使用できない．

CD-R の記録層に使われる色素は，大別するとシアニン系，フタロシアニン系，アゾ系金属錯体色素の三系統がある．図 3.5 に代表

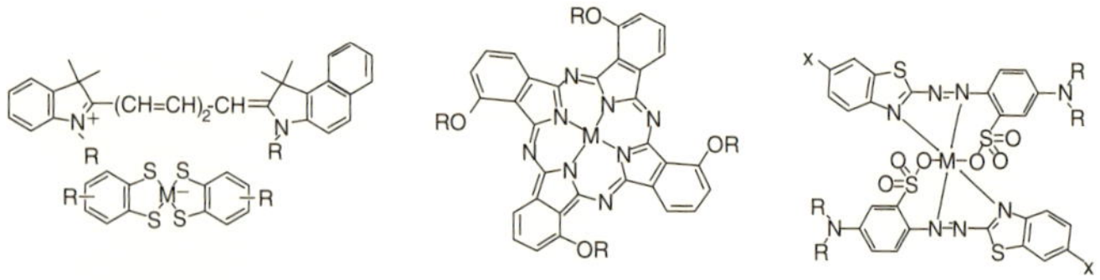

シアニン系色素
(塩形成タイプ)　　　　　　**フタロシアニン系色素**　　　**アゾ系金属錯体色素**

図3.5　代表的な CD-R 用色素三系統の一般的な化学構造

的な CD-R 用色素の一般的な化学構造を示す．シアニン色素は直線の化学構造をとるため，分子構造の中心にある二重結合が光や熱により壊れやすいが，記録素材として考えた場合，書き込み時にそれほど強いレーザーを当てる必要がないため扱いやすく，初期の CD-R メディアは大半がこのシアニン色素を使っていた．その後，シアニン色素がイオン性の色素であることに注目し，一重項酸素クエンチャーと塩を形成させた安定化シアニン色素が開発され，耐光性の改善がみられた．フタロシアニン色素は，環状の分子構造をしており，これまで顔料として用いられ，その耐候性，信頼性，耐熱性の高さには定評がある．CD-R 用色素として使用するために，立体的に大きな置換基を導入して色素どうしのスタッキング（stacking：積み重なり）を防止して溶解性を向上させるなどの工夫を行っている．筆者らが開発した（第4章参照）アゾ系金属錯体色素は，金属イオンの高感度呈色試薬をヒントに開発したものであり，アゾ配位子に金属イオンが配位した錯体は，正八面体の構造を形成する．遷移金属の d 軌道の寄与により 10^5 以上の高いモル分子吸光係数（ε）を示す．また，この色素系統は，金以上の反射率を示す銀反射膜との組合せで優れた耐久性を示し，1995年秋に，世界初のシルバー CD-R として上市した．銀反射膜はレーベル面が銀色となる

ため,金反射膜に比べてカラープリンターによるカラー印刷が映えるという長所もある.さらに,銀はスパッタリング率が高く,金の約1.6倍もあり,このため金の場合よりも成膜時間が短くて済み,エネルギー消費も低くなって生産性にすぐれるという特徴がある.

高速記録用 CD-R 研究開発のポイントは,感度と熱干渉制御を両立させる記録材料の検討であった.すなわち,高密度化においては過大な発熱は記録特性を著しく低下させるため熱の制御が重要であり,一方,記録を高感度で実現するためには,低い温度での大きな光学的変化が必要であった.高岸らは,熱シミュレーション計算の結果とそこから導かれるディスク設計の方向性について検討した(高岸ほか,1998).ピット記録時の熱シミュレーションの例を図3.6 および 3.7 に示す.

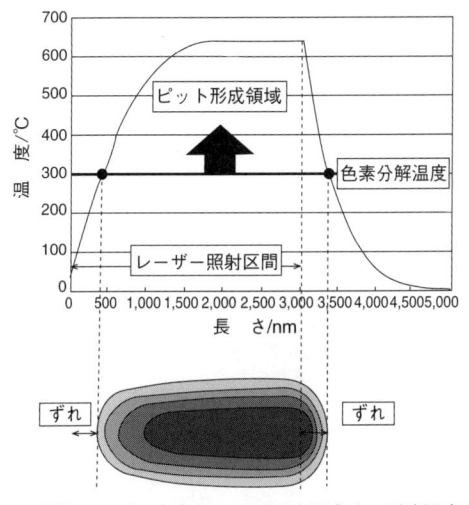

図 3.6 記録レーザー中央部でのピット形成時の到達温度分布
(高岸ほか,1998)

図 3.6 の上は，記録レーザー中央部でのピット形成時の到達温度分布を示している．その下には，ピット全体の温度分布を等温線図で示してある．温度変化としては，図 3.7 の上に示したように，上昇と減衰が急峻になる矩形波的なものが望ましい．しかしながら，実際には，図 3.7 の下に示したように，立ち上がりがなだらかな温度変化を示すことがグラフよりわかる．このため，ピット全体でもピット形成が進むほどピット幅が広くなるティアドロップ（涙滴）型となり，レーザー照射開始–終了位置とピットの形成位置にずれが生じる．このことから，ピット形成時の色素層の分解発熱による蓄熱がピット形成過程に関与していることがわかった．その結果，光ディスク用色素の設計について下記の指針を得た．

①レーザー照射開始から急峻に温度を上昇させるには，色素層材料の分解発熱量を大きくすることが有効である．

②レーザー照射終了からの温度減衰を急峻にするためには，色素層膜厚を低減することが有効である．金属反射膜への放射効率が向上し，蓄熱しにくくなるためと考えられる．

理想的なピット形成過程

現実のピット形成過程

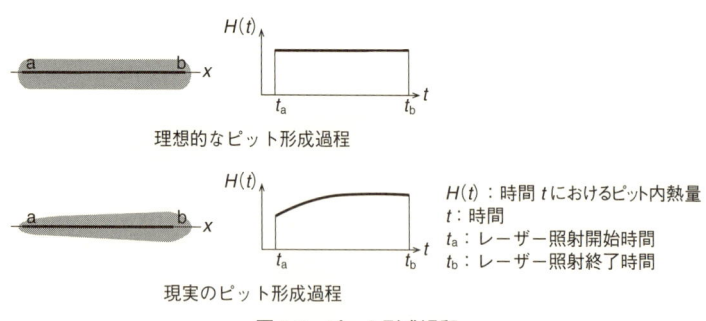

$H(t)$：時間 t におけるピット内熱量
t：時間
t_a：レーザー照射開始時間
t_b：レーザー照射終了時間

図 3.7 ピット形成過程
（高岸ほか，1998）

文 献

[1] Berkun, S. 著, 村上雅章 訳 (2007)『イノベーションの神話』, pp.73, オライリー・ジャパン.
[2] Hamada, E., *et al*. (1989) SPIE Vol.1078 Optical Storage Topical Meeting, 80.
[3] 浜田恵美子 (1998) 新規光記録媒体—CD-R—その材料と記録機構の解明, 博士論文.
[4] 浜田恵美子 (2007) 応用物理, **76**(9), 995.
[5] 中島平太郎 (2005)『コンパクトディスクその20年の歩み』, pp.375, CDs 21 ソリューションズ.
[6] 高岸吉和ほか (1998) 太陽誘電技報, **14**, 67.

第4章

DVD-Rへ発展

4.1 CD-RからDVD-Rへ

DVD-Rは用いる半導体レーザーを短波長化することにより，CD-Rと同じ記録原理を発展させたものである．図4.1に光ディスクの基本仕様をまとめた．また，半導体レーザーの短波長化と記録密度の大容量化の関係を図4.2に示す．半導体レーザーの波長

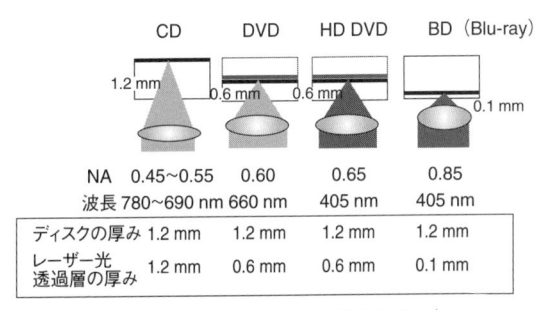

	CD	DVD	HD DVD	BD (Blu-ray)
NA	0.45〜0.55	0.60	0.65	0.85
波長	780〜690 nm	660 nm	405 nm	405 nm
ディスクの厚み	1.2 mm	1.2 mm	1.2 mm	1.2 mm
レーザー光透過層の厚み	1.2 mm	0.6 mm	0.6 mm	0.1 mm

図 4.1 光ディスクの基本仕様

HD DVD：high definition DVD の略．DVD の後継となる次世代光ディスクとして東芝が推進していたが，2008年2月に東芝が本規格のプレーヤーとレコーダー事業の開発・生産中止を発表しBlu-ray Disc（BD）が次世代規格となった．
NA：numerical aperture の略．開口数．レンズの集束能力のこと．開口数の大きな対物レンズを組み合わせることで，ディスク上でさらに小さなスポットに絞り込むことができる．

第 4 章　DVD-R へ発展

記録密度 ∝ 1/(スポット径)^2 ∝ NA^2/λ^2

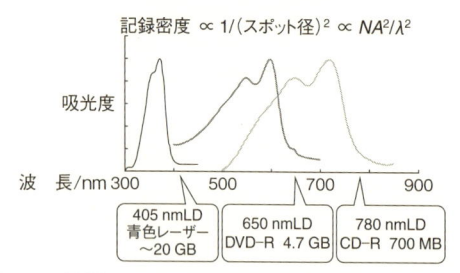

吸光度

波　長/nm　300　　500　　700　　900

405 nmLD	650 nmLD	780 nmLD
青色レーザー	DVD-R 4.7 GB	CD-R 700 MB
~20 GB		

図 4.2　半導体レーザーの短波長化と記録密度の大容量化
LD：laser diode，p.12 参照．

(λ)，スポット径（Φ）および記録密度（capacity）の関係は，図に示した式のとおりである．半導体レーザーの波長（λ）が短波長化すると Φ が小さくなり，記録密度の容量が増大する．CD-R には 780 nm の半導体レーザー，DVD-R には 650 nm の半導体レーザーを使用している．DVD-R では 650 nm の半導体レーザーの波長に合致させるため，色素の光学特性を設計する必要がある．

　CD-R と DVD-R の仕様の比較を表 4.1 に，それぞれのピットサイズの比較を図 4.3 に示す．CD と同じ大きさのディスク上に，より多くの情報を詰め込むためには，それだけ情報を記録するピットのサイズが小さくなければいけない．CD の最小ピッチが 0.83 μm，トラックピッチが 1.60 μm であるのに対し，DVD ではそれぞれ 0.40 μm，0.74 μm である．それに伴って必要なレーザーの波長も短いものでなければならなくなる．CD 用のレーザーはほぼ赤外領域の 780 nm の波長の光が使われているのに対し，DVD では可視領域の 650 nm のものが使われている．また，DVD-R の記録再生速度は 1 倍速の比較で 3.5 m/s で，CD-R（1.2 m/s）の約 3 倍に匹敵する．すなわち，DVD-R は，CD-R に比べて微小なピットを形成しなければならないうえに，記録再生速度も速くなっている．したがって，

表 4.1　CD-R と DVD-R の仕様比較

	CD-R	DVD-R
ディスク外径	120 mm	120 mm
記録容量（片面）	650 MB	4.7 GB
記録レーザー波長	780 nm	650 nm
ビームスポット径	1.30 μm	0.90 μm
最短ピット長	0.83 μm	0.40 μm
トラックピッチ	1.60 μm	0.74 μm

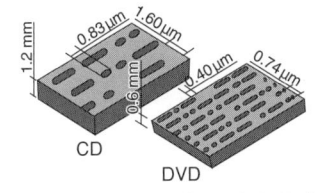

図 4.3　CD と DVD のピットサイズの比較

レーザー照射の記録時に発生した熱をいかに効率良く発散（伝導）させるかがポイントとなる．言い換えれば，ピット間の熱干渉をいかに制御するかがキーポイントとなる．

とくに DVD の場合，CD より記録された信号の歪に影響を与える各種の熱干渉を抑えることが，ジッタ[†]などの信号特性を確保するうえで大変重要である．たとえば，次のような方法で熱干渉を低減することが検討された．

①ディスクの熱的な構造を改善すること，すなわち，色素層をよ

[†] ジッタ（jitter）とは，通信やオーディオ関連の機器などで発生する信号の時間的なズレや揺らぎのこと．

り薄い膜厚で効率的に記録されるように光学定数をコントロールすることである．熱発生に寄与する光吸収層が薄くなれば反射層のもつ熱拡散効果が相対的に大きくでき，隣接信号間の熱干渉を抑える効果が期待できる．

②より効率的な記録補償の方法を導入する．記録補償のなかで，最も有効な因子は，記録パルス間の間隔を十分確保することである．

DVD-R の記録膜には，使用するレーザー波長 650 nm に吸収，反射特性をチューニングした有機色素を採用している．CD-R に用いられる有機色素は，吸収ピーク波長が 700 nm 近辺にあり，色素自体は青色や緑色を呈する．これに対し，DVD-R 用の色素は使用するレーザー波長の短波長化に伴い吸収のピークを 550〜600 nm にシフトしている．このため，色素層は赤色や紫色に見える．アゾ系金属錯体色素やシアニン色素をベースにした色素が報告されている．これを 0.6 mm 厚のポリカーボネート基板にスピンコート塗布し，この上に金属反射膜をスパッタリング法で成膜，さらに，保護コーティングしたものを 2 枚貼り合わせて基本構造としている．

4.2 DVD-R の製造プロセス

DVD-R の層構成および製造プロセスを図 4.4 に示す．DVD-R の製造プロセスは，記録層に使用する色素技術のほか，多くの原材料やプロセス技術の融合でできている．たとえば，媒体設計，樹脂成形，マスタリング，微細成形，薄膜コーティング（スピンコート，スパッタリング），シミュレーション，接着，検査，スクリーン印刷などである．主要なプロセスについて詳述する．

①**射出成形**：0.6 mm のプラスチック基板は，溝が形成されたスタ

4.2 DVD-R の製造プロセス　47

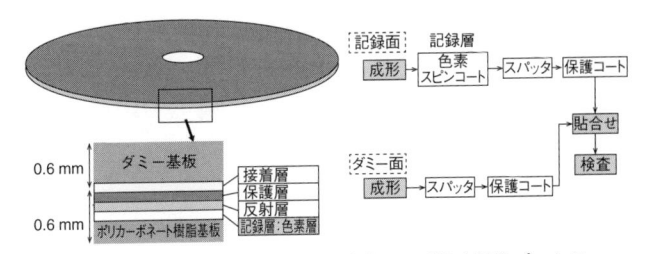

図 4.4　DVD-R 光ディスクの層構成および概略製造プロセス

ンパーを用いて射出成形によって作製される．溝の転写性，基板の反りなどの機械特性，基板の光学特性（複屈折）を調整するため，樹脂温度，型締め圧などの成形条件の最適化が行われる．薄板で高精度が要求されるため，一般の樹脂成形に比べると格段に難しい技術である．狭い面積に樹脂を入り込ませなくてはならず，高度な射出成形技術が必要となる．最適条件の溝を転写して，かつ高い生産性を維持しうる成形技術があって初めて製造可能となる．

②**色素塗布**：透明基板としてポリカーボネート樹脂を用いているので，使用できるスピンコート溶媒が限定される．

③**反射膜成膜**：反射膜はスパッタ法で成膜される．反射膜には金や銀が用いられる．とくに，銀の場合は，銀と反応しない色素を使用する必要がある．

④**保護コート**：紫外線硬化樹脂をスピンコート法により塗布したのち，これに紫外線を照射することにより硬化させて形成する．保護コートにより，反射膜や色素の腐食は抑えられる．ディスクの反りを抑えるためには，硬化収縮の少ない紫外線硬化樹脂が好ましい．

⑤**貼合せ**：接着剤には，遅延硬化型と紫外線硬化型の 2 種類が用いられる．遅延硬化型の場合は，スクリーン印刷により接着剤を両方の接着面に塗布したのち，貼合せ面を合わせて一定時間固定する

ことにより硬化させる．一方，紫外線硬化型接着剤の場合，貼合せ面の隙間に接着剤を塗布して高速回転させ，接着剤を内周から外周へ広げたのち，ダミー面から紫外線を照射することによって硬化させる．保護コート剤同様，ディスクの反りを抑えるため，硬化収縮の少ない紫外線硬化樹脂が好ましい．

コラム 9

アゾ系金属錯体色素の発想

筆者らは，1989年からCD-R光ディスク用色素の研究を本格的に開始した．最初のころは試行錯誤の連続で，なかなかうまくいかなかった．と，ある休日の昼下がり，何気なく同仁化学の試薬カタログをパラパラとめくっていたところ，これまで試したことがなかったおもしろそうな構造をした色素が目に留まった．翌週になって早速この色素を使って実験してみたところ，このタイプの色素はレーザービームの利用効率に優れるだけではなく，強力な紫外線や80℃以上の高温にさらしても数百時間以上も耐えられる，非常にバランスのとれた優れた性質をもつことを見出した．これが「アゾ系金属錯体色素」の開発のきっかけである．

従来このタイプの色素は，図に示す同仁化学のカタログにあるように，高感度の分析試薬「金属指示薬」として知られていたが，アゾ化合物を用いた金属イオンの分析として，もっぱら溶液中での使用にとどまっていた．このアゾ化合物の分析試薬としての検討は名古屋工業試験所報告に詳しく報告されている（古川，柴田，1989）．たとえば，コバルト錯体は，push-pull共役系で高いモル吸光係数（12.2×10^4）を示す．

筆者らは，このアゾ化合物と金属イオンが錯体形成した高い吸光度をもつ色

4.3 DVD-R 用色素の設計

光ディスク用色素については，多くの総説に記述されている (Mustroph et al., 2006；照田, 2008). ここでは代表的なアゾ系金属錯体色素およびオキソノール色素について記載する.

4.3.1 アゾ系金属錯体色素

アゾ系色素は繊維用染料として古くから知られている．現在で

素に着目して，光記録材料へ用途展開しようと発想した．すなわち，この錯体形成した色素を固体状態として単離して，塗布溶媒に溶解して，スピンコート法によりポリカーボネート樹脂基板へ薄膜形成した記録層は，CD-R や DVD-R 光ディスク用として有用であることを見出した.

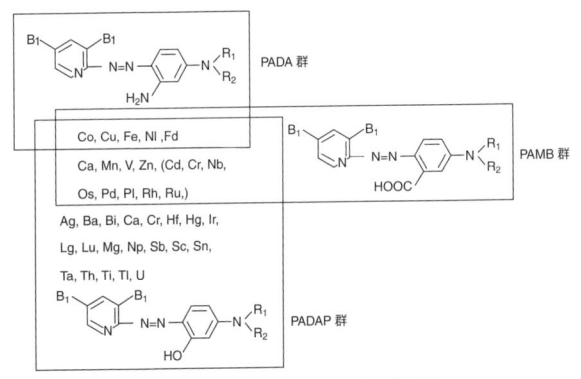

図　同仁化学（DOJIN）の金属指示薬
（総合カタログ第 18 版 1993 年, p.207)

[1] 古川正直, 柴田正三（1989）**38**(1), 6.

は，全染料の約半数がこの系統の染料であるが，アゾ染料が市販染料の主流を占めるに至ったのは，芳香族アミンのジアゾ化カップリングという比較的簡単な2種類の反応で，しかもほとんど水溶液中で行えることや，ジアゾ成分およびカップリング成分の組合せいかんで多種多様の色調・染色特性をもった染料・顔料が得られることなどの理由からである．

筆者らはこのような古くからあるアゾ系色素を光記録材料として応用できないかと関心をもった．その理由は，長い間，繊維を染色するために実用的に使われているアゾ系色素を用いれば頑丈な色素を開発できるのではと考えたからである．しかし，実際に検討してみると，耐久性やつくりやすさという点では問題なかったが，致命的な問題は，バインダーなしで塗布により薄膜形成すると結晶化するという点であった．光記録材料では半導体レーザーの透過を確保するために，アモルファス薄膜を形成して透明性を確保することが必須であった．この結晶化の原因は，アゾ系色素が平面構造であり分子会合することに起因すると考えた．試行錯誤のうえ，これを回避する方法を探った結果，図4.5に示すように，アゾの発展型であるスピロ構造を有する「アゾ系金属錯体色素」へたどり着いた．

アゾ系色素　　　"アゾ系色素の発展形"
　　　　　　　　アゾ系金属錯体色素

金属イオンと配位子の相互作用

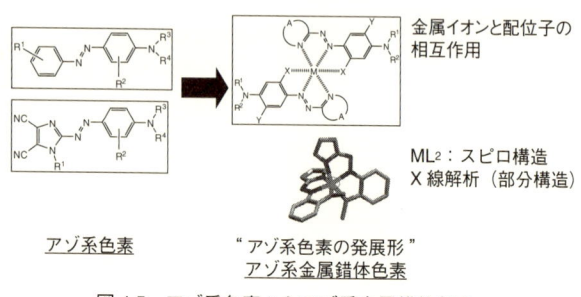

ML_2：スピロ構造
X線解析（部分構造）

図4.5　アゾ系色素からアゾ系金属錯体色素へ

アゾ配位子と金属イオンから1:2錯体形成して合成したアゾ系金属錯体色素は，金属原子とアゾ配位子の1:2錯体の正八面体構造で，光学特性および熱特性に優れ，塗布方法による成膜性は良好で，かつ吸収末端はシャープで，安定なアモルファス薄膜の形成ができ，光ディスク用色素として優れた特性を有する（Suzuki et al., 1998；1999；前田，2010）．

4.3.2 アゾ配位子の分子設計

特定のアゾ化合物が，高感度比色試薬（分析用金属指示薬）として，溶液中で金属イオンと配位して高いモル吸収光係数を示すことは知られていたが，金属錯体化した色素は光ディスク用色素としては短波長で問題があった．780 nm 半導体レーザー用途のCD-R光ディスク用色素として，満足する光学特性を得るために，図4.6に示すようにアゾ配位子の化学構造を分子設計した．波長最適化および会合性制御のために t-ブチルベンゾチアゾールとピロリジン環を導入し，さらに波長最適化および安定な金属錯体形成のために配位基としてスルホン酸基を選んだ．

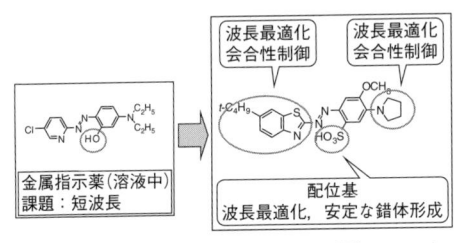

図4.6 アゾ配位子の分子設計

4.3.3 アゾ系金属錯体色素とアゾ配位子の光吸収特性比較

図 4.7 にアゾ系金属錯体色素（5-18）とアゾ配位子（5-17）のクロロホルム溶液中の光吸収特性を比較検討してある．驚くべきことに，アゾ配位子（5-17）が金属イオンと錯体形成することにより，吸収波長は 132 nm 長波長化し，λ_{max} は 683 nm を示すことがわかった．また，モル吸光係数は，約 3 倍向上して 13.5×10^4 の高い値を有することが明らかになった．この理由を考えてほしい．吸収の長波長化については，遷移金属の配位により色素の電子状態が摂動を受け，HOMO, LUMO 準位が変化（間隔が縮小）し，吸収が長波長化したものと考えている．また，モル吸収係数（ε）の増大する理由としては，次の 2 つの理由を推測している．1 つめは，1：2 錯体による 1 分子あたりの色素骨格数が寄与していること，2 つめは，金属の配位によって色素の構造自由度が制約されることにより，基底状態と励起状態での構造変化が少なくなったことである．

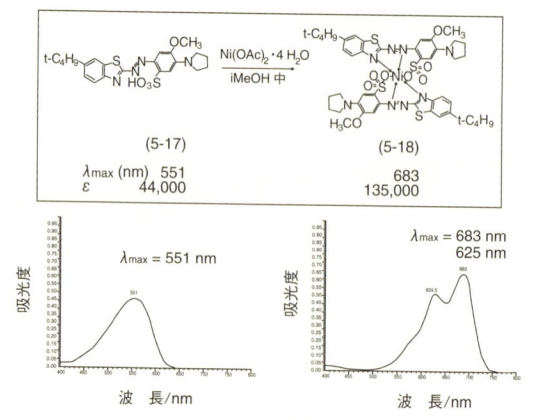

図 4.7 アゾ配位子とのアゾ系金属錯体色素の光吸収特性比較
（左）アゾ配位子．（右）アゾ系金属錯体色素（クロロホルム溶液中）．

4.3.4 アゾ系金属錯体色素の熱特性

示差熱天秤(TG-DTA)(TG:熱重量分析とDTA:示差熱分析の同時測定装置)を用いたアゾ系金属錯体色素(5-18)の空気中の熱特性データを図4.8に示す.200℃から徐々に減量を開始し,385℃においてシャープな減量と急激な発熱が起こることがわかった.筆者らは,アゾ系金属錯体色素の熱特性データと光ディスクの記録再生特性の関係を検討した結果,シャープな熱分解しきい値が,記録用色素として有効であると報告しており(Suzuki *et al*., 1998;1999;前田,2010),アゾ系金属錯体色素(5-18)は光ディスク用色素として優れた熱特性を有することが判明した.

4.3.5 アゾ系金属錯体色素の薄膜特性

アゾ系金属錯体色素(5-18)をテトラフルオロプロパノール溶媒に溶解したインキを作製後,ポリカーボネート基板にスピンコートして色素薄膜を形成した.バインダーなしの成膜性は良好で,安定なアモルファス薄膜を形成することがわかった.図4.9に薄膜の吸収スペクトルを示したが,極大吸収 λ_{max} は707 nmであった.吸

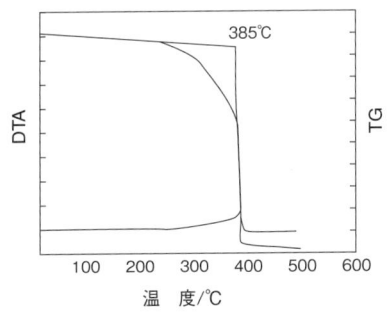

図4.8 アゾ系金属錯体色素(5-18)の熱特性

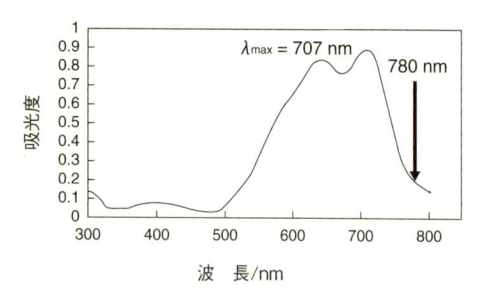

図 4.9 アゾ系金属錯体色素（5-18）の塗布薄膜の吸収スペクトル

収末端はシャープな形状で，780 nm 近赤外吸収半導体レーザー光に適合する光ディスク用色素として優れた特性を有することがわかった．筆者らは，アゾ系金属錯体色素の薄膜の吸収形状と光ディスクの記録再生特性の関係を検討した結果，シャープな吸収形状が記録用色素として有効であると報告している．

色素膜の光学特性を溶液のそれと比較すると，吸収波長域がブロードになり，反射率のピーク波長は，吸収のピーク波長よりも長波長側に現れる．この原因は，溶媒の乾燥により，色素分子が凝集体を形成するからであると考えられている．したがって，色素溶液と固体状の色素膜とは，光学特性的に区別する必要があることを，とくにここでは理解してほしい．溶液の場合は，単分子状態にあるので状態の均一性が高いが，塗布膜の場合は，色素が近接しているために相互にエネルギーのやりとりが可能になり，それぞれの分子の近接の状態に応じてエネルギーレベルがブロードに分散する，と考えている．波長特性がブロードになるということは，LD の波長が多少変化しても差し支えないことを意味するので，光ピックアップの設計上は好都合である．

4.3.6 オキソノール色素

久保らは,オキソノール色素を用いた DVD-R を検討し,新しい記録メカニズムを見出した(久保,2009).オキソノール色素の代表的な化学構造の例を図4.10に示した(Morishima $et\ al.$, 2010).

久保や Morishima らは,記録再生機構を調べるため,1倍速および8倍速の記録マークの走査型電子顕微鏡(scanning electron microscope;SEM)観測を行った.集束イオンビーム(focused ion beam;FIB)による断面図を見ると,8倍速の記録マーク内には,空隙の形成が認められる.この空隙は色素分解時に発生するガス(CO_2)によって形成されたものと推定している.そのサイズは瞬間的に高いパワーが加わる高速で記録するほど大きい.ただし,空隙は記録マーク内に収まっており,形も明瞭である.これまで,CD-R や DVD-R では,色素分解時の屈折率変化と基板変形によってグルーブ部とランド部(図3.3参照)の位相バランスが崩れて反射率が低下することにより変調度が得られるものと考えられてきた.しかし,オキサノール色素を用いた DVD-R の8倍速記録では,記録ピットでの空隙形成による屈折率減少(分解前の $n=2.3$ から空気の $n=1$ へ)によって位相差バランスが崩れ,それによる反射

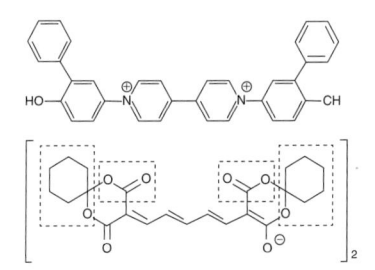

図4.10 オキソノール色素の代表的な化学構造の例
(Morishima $et\ al.$, 2010)

コラム10

光ディスク用色素のパラダイム

　逆転の発想が，新しい商品開発につながった事例を紹介する．

　2003年，DVD-R業界では次世代の16倍速記録の実現を目指して，激しい開発競争が繰り広げられていた．16倍速記録は，毎秒56mで最小0.4μmのピット列を精密に記録することを意味する．しかし，その実現には大きな障害があった．猛スピードで通り過ぎる色素層に強烈なレーザー光をオンオフさせながら照射すると，ピット間に大きな熱干渉が生じて正確なピット列を形成できなくなってしまうのである．しかも，同じディスクに，DVD-Rの実用化初期に規格化された1倍速で記録した場合でも，同様の精密記録ができなければならず，このことが問題解決をいっそう困難なものにした．

　もともと，DVD-Rでは，色素の熱分解による屈折率減少と基板案内溝の変形による反射率の減少を利用することで高密度記録を実現している．しかし，高速化に伴うピット間の熱干渉の増加が，高出力化と低ノイズ化に関わる種々のトレードオフ問題を解決不能にしていたのである．このため，当時の次世代標準化ワーキンググループでは，1〜16倍速規格化の断念もやむなし，という空気さえ漂い始めていた．このような膠着状態に一石を投じたのが，われわれが開発した新規オキソノール色素である．その特徴は，記録ビット中に明瞭な空隙を形成できる点にあった．

　記録ビット中の空隙形成自体は，それ以前にも記録再生原理が同じCD-Rの記録ビット中にまれに観察されていた．それらは皆，不規則，不定形で，信号品質を著しく劣化させるため，空隙イコール害悪，とみなされていたのである．しかし，その一方で，空隙形成による屈折率変化は−1.3程度を見込むことができ，低分子量の色素分解物生成による−0.8程度よりずっと大きな変化量が得られ，信号出力の大幅な向上が期待できた．そこでわれわれは，色素分子構造に意図的に空隙を生じさせる構造を作り込み，できるだけ形状がきれいな空隙を形成することによって，出力向上のメリットのみを最大限引き出すこ

とにチャレンジした．理論的予測に基づく膨大な種類の色素探索実験の結果，熱分解温度のしきい値が明確で，分解熱が小さく，レーザー波長に適した分光特性を有する「メルドラム酸誘導体を末端基とするオキソノール色素」（図1）にいき着いた．これを用いたDVD-Rディスクに16倍速記録したときのピットのSEM写真を図2に示す．図の(a)が記録ピットの断面図，(b)が平面図である．記録ピットに明瞭な空隙が形成されていることがわかる．

この色素の実用化に際してはさらに，耐光性や高温多湿耐性（図1），種々の信号特性，安全性，リサイクル適性など，数多くの問題解決を要した．しかし，われわれはそれらを一つひとつ丹念に克服し，最終的に数十億枚分以上の色素の出荷実績に結びつけることができた．非常識とさえ思われることでも，もう一度疑って突き詰め，執念をもって取り組めば，案外，道は拓けるものである．

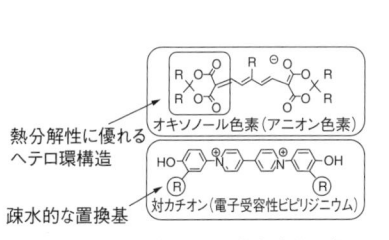

図1 熱分解性，耐光性，湿熱保存性に優れたオキソノール色素分子の基本構造

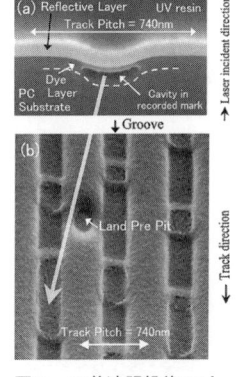

図2 16倍速記録後のピットのSEM写真
(a) 断面図，(b) 平面図．

（久保裕史：千葉工業大学 教授，（元）富士フイルム）

率の低下が変調度に大きく貢献しているものと推定される．これにより，熱干渉低減のために色素層を薄くした場合でも十分な変調度が得られたものとみている．

一方，オキソノール色素の分解温度は208℃であり，アゾ系色素のそれ（300℃付近）と比べて低めであり，かつ分解時の発熱量事態もアゾ系色素の1/8と小さい．このことからナノ秒オーダーの短時間に高いパワーが投入される高速記録の場合にでも前後の記録ピットへの熱干渉の影響を最小限に留めることができ，かつ溝幅変化の抑制にも貢献したと推定されている．これが，オキソノール色素を用いたDVD-Rで，16倍速記録時にも十分低いジッタ値と十分高いAR（aperture ratio；開口率）値を示し高性能を実現できた理由と考えている．

以上のことをまとめると，アゾ系やシアニン系の従来色素を用いたDVD-Rでは，色素分解に伴う色素自身の屈折率変化と分解時の発熱による基板グルー形状の変形がグルーブとランド部の位相バランスを崩すことで記録ピット部の反射率低下を生じ，それが変調度の起源となっている．それに対し，オキソノール色素では低速の1倍速記録時には色素分解に伴う屈折率変化が変調度発現の要因であるが，4倍速から16倍速の高速記録時では色素の分解に伴う屈折率変化よりも，むしろ分解によって発生するガスで形成される空隙が変調度発現の主たる要因と考えられる．図4.11に色素の熱分解によるCO_2ガスの発生を構造式で示した．また，その際に色素分解に伴う発熱量が小さく基板のグルーブの変形を生じないため，高速記録時でもARの低下は小さくて済む．これが良好な再生信号品質をもつ理由と報告されている．図4.12にその記録メカニズムを示した．

コラム11

電子ファイリング：DVD-Rと紙の容量比較

イメージスキャナを使用して紙の文書を読み取って，コンピュータの中の記憶装置（ハードディスクや光ディスク）にデジタルデータとして保存することができる．必要なときにはプリンターで印刷して紙に戻すこともできる．このようにしてコンピュータを使って，文書を保管・管理することを電子ファイリングとよぶ．

紙の文書をそのままファイリングして保管すると，大きな書棚あるいは保管庫が必要である．もうひとつ困るのが，必要な書類を探し出すのに非常に労力を必要とすることである．電子ファイリングなら，コンピュータの記憶装置に膨大な文書を格納することができるので，保管スペースが激減するだけでなく，探し出すのもパソコンから容易に行える．

ここで，DVD-R光ディスクを紙の容量と比較した結果を表にまとめた．紙相当の容量をDVD-Rに電子ファイリングすると，重量で1/6,250に，高さで1/1,866になる．

	紙	DVD-R
数　量	500枚入×50冊相当	4.7 GB×1枚
重　量	2 kg×50＝100 kg	16 g×1＝16 g
積み上げると	4.5 cm×50＝225 cm	1.2 mm×1＝1.2 mm
比　較	重量 6,250倍 高さ 1,866倍	

＜計算の前提＞

DVD-Rは，4.7 GB（4,700,000 kB）であるので，紙の容量を200 kB（A4サイズページを白黒でスキャナ入力し圧縮した）と仮定すると，1枚のDVD-Rの4.7 GBは，約2.4万ページとなる．コラム3も参照．

図 4.11 オキソノール色素の熱分解によるガスの発生
(Morishima *et al.*, 2010)

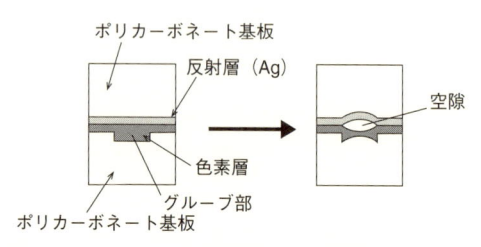

図 4.12 オキソノール色素を用いた記録のメカニズム
(Morishima *et al.*, 2010)

文 献

[1] 久保裕史 (2009) 色素計光ディスクの高密度及び高速記録の研究, 博士論文.
[2] 前田修一 (2010) 光及び熱応答機能性色素の設計と分子システムに関する研究, 博士論文.
[3] Morishima S., *et al*. (2010) *J. Soc. Photogr. Technol. Jpn*, **73**(5), 252.
[4] Mustroph, H., *et al*. (2006) *Angew. Chem. Int. Ed*., **45**, 2016.
[5] Suzuki, Y., *et al*. (1998) *Jpn. J. Appl. Phys*., **37**, 2084.
[6] Suzuki, Y., *et al*. (1999) *Jpn. J. Appl. Phys*., **38**, 1669.
[7] 照田 尚 (2008) 有機合成協会誌, **66**(5), 44.

第5章

三次元用光記録材料の化学

5.1 二次元記録の限界,三次元記録へ

映像・音声を含むマルチメディア情報はメモリの大容量化をますます促進している.近年,青色半導体レーザー(405 nm)を用いた光ディスクが実用化されたが,光学系や基板での光吸収の問題などがあり,さらなる短波長レーザーを用いた光記録技術は,当面難しいと考えられている.図5.1に示すように,次世代の光メモリを目指した高密度化手法として,多層化・体積記録化(ホログラム記録や二光子吸収記録など),多値・多重化(多値記録や波長多重記録など)やスポット径を小さくする高面密度化(近接場記録技術,

<高面密度化-スポット径を小さく>
 ＊近接場記録
 ＊高NA化,短波長化 など

<多値・多重化>
 ＊多値(multi-level)
 ＊波長多重 など

<多層化・体積記録化>
 ＊ホログラム記録:「フォトポリマー材料」,「フォトクロミック材料」
  (多重記録→ 大容量:200 GB～1 TB)
   (二次元処理→ 高転送速度:100 Mbps から1 Gbps)
 ＊三次元多層記録(二光子吸収)「フォトクロミック材料」

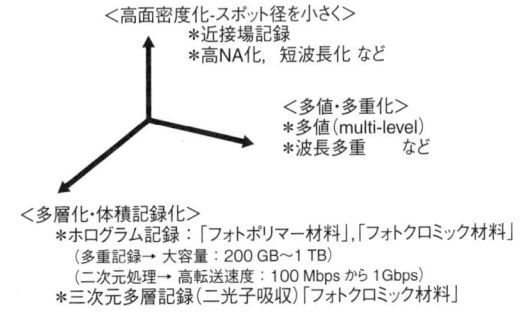

図5.1 次世代光メモリを目指した高密度化手法—大容量メモリ技術

二次元　　　　　　　　三次元

第1世代　CD
第2世代　DVD
第3世代　Blu-ray

第4世代の光ディスク技術
（ホログラム，二光子吸収など）

厚み 1.2 mm

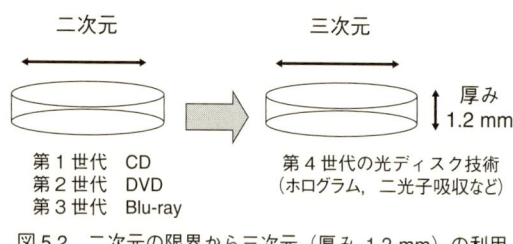

図5.2　二次元の限界から三次元（厚み 1.2 mm）の利用

高NA化，短波長化など）が提案されている．これまでの光ディスクメモリは，データの記録や再生に用いるレーザー光源の短波長化，集光レンズの高NA化を図ることにより，レーザーのスポット径を小さくして高密度化（大容量化）を果たしてきた．しかし，この微小スポットによる記録方式は限界に近づいており，さらなる大容量のためには新たな手段が必要であり，さまざまな技術開発がなされている．

このうち，筆者は，ディスクの厚み（1.2 mm）を利用する多層化・体積記録化手法に注目している．図5.2に示すように，ディスクの厚みを利用した三次元光メモリの実現を期待している．第1世代をCD，第2世代をDVD，第3世代をBlu-rayとすると，第4世代の光ディスク技術として，ホログラム，二光子吸収（デフォーカスされているところでは光強度が弱いため二光子吸収は起こらず，フォーカスポイントでのみ二光子吸収が効率的に起こる）などさまざまな高密度化手法が提案されている．このなかでは，ホログラム光記録技術の進歩にはとくに目を見張るものがあり，最も有望な次世代技術であると考えている（Dhar *et al.*, 1998; Ikeda *et al.*, 2009; Tanaka, 2009）．

5.2 ホログラム光記録の原理と材料設計

5.2.1 ホログラム光記録の原理

ホログラム記録技術は，光ディスクの記録面の多層化などではなく，立体的に記憶することにより記憶容量を増やす方式である．図5.3 に示すように，記録データで変調した光（物体光）と無変調の光（参照光）を空間中で重ねると光の位相干渉縞ができる．これがホログラムで，干渉縞ができる部分にフォトポリマーなどの感光性記録材料を置くとホログラムが材料中に凍結され，これがホログラム記録である．再生はホログラムが記録された材料に，記録時と同じ角度で参照光を照射すると，回折光として信号が再生される．特徴のひとつは，一度の露光でページデータが記録できる（ビット記録ではない）ため，速い読み書きができることである．2つめは，角度・位置を変えて多重の記録ができるため，高容量の記録が可能である．要するに，ホログラフィックメモリは二次元画像データをページ単位で記録再生できる三次元のメモリである．同じ場所に複数のページデータが記録できるという優れた特徴をもっている．こ

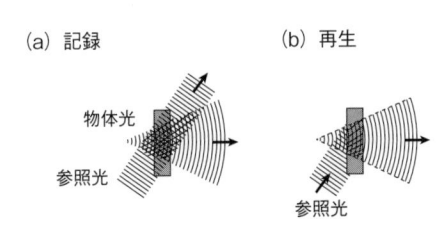

図 5.3 ホログラム光記録の原理

(a) 媒体上で物体光と参照光の干渉縞を生成し，媒体上に干渉縞を記録する．
(b) 読み出しの際は，（媒体に）記録された干渉縞に参照光を当てるだけでもとの物体が有していた情報が読み出せる．

コラム 12

ホログラフィックストレージ用記録材料

1980年代初めに第1世代の光ディスクとして"CD"が市場に現れてから"DVD"，さらに"Blu-ray"に至るまで30年になる．初期音楽用CDから現行の単層Blu-rayへの進化は，記録容量を650 MBから25 GBに，また転送速度を1.2 Mbpsから等速Blu-rayの36 Mbpsへとそれぞれ数十倍アップした．一方，その間の半導体メモリとハードディスクの進化は著しく，光ディスク以上に大幅な大容量化，高速化，さらに低価格化が進み，主要メモリ市場を席巻するまでになっている．CD，DVDと一時代を築いてきた光メモリはBlu-rayに至り市場の伸びに翳りが見られ，長期保存性の利点からアーカイブに絞った用途に特化しつつある．次世代光ディスクがメモリ市場で復権するためにはTB級の大容量化に加え，Gbpsを超える高速転送性が必須である．次世代光メモリとして近接場光記録，多層記録などの方式が検討され，大容量化に向けて開発が進められているが，高速性の観点でホログラフィック記録方式が非常に有利である．最大の理由は，従来の光記録方式がビットバイビットであるのに対し，ホログラム方式は面画素単位の大容量ページデータ記録・再生が可能であることから，今後Gbps級の高速データ処理が期待できる．また，ホログラム最大の特徴である多重記録性により大容量化が容易であるため，バックアップメモリなどへの置き換えが見込まれる．

筆者のホログラム技術との出会いは20年ほど前で，当時はさまざまな応用製品の試作開発を進めていた．開発当初，レーザー露光室でのホログラム記録再生実験で，空間に浮かび上がる立体再生像を目の当たりにし，その神秘的な美しさに感動した記憶が今も鮮明に蘇ってくる．そのころ開発を進めていた製品では安全上，再生光としてレーザー光が使用できず，ハロゲンや蛍光表示管を代用したため，レーザー光で記録した像をブロードなスペクトル光源で再生した結果，酷くボケた不鮮明な再生像しか得られず，がっかりした思い出がある．そのため，開発課題はもっぱら収差補正によるボケや歪などの像品質改善

であった．そのころから頭の中に「レーザー光で記録してレーザー光で再生できる素直な応用としてこの技術を光ディスクに用いれば，ホログラム固有の多重記録性やページデータ記録などの特徴を最大限に活かせる」という思いが常にあった．

そこで，12〜13年ほど前からフォトクロミック材料と液晶材料を組み合わせた記録材料の開発に着手した．フォトクロミック材料として，立教大学の入江正浩が開発したジアリールエテンを用いた．この材料は分子構造の工夫により，405 nm の青色レーザーと 650 nm の DVD 用レーザー照射によりナノ秒レベルの応答速度で可逆的な光異性化反応を可能とする．一方，液晶ポリマーは分子配向により屈折率異方性を示すので，図に示す新規開発の液晶性ジアリールエテンと液晶ポリマーを組み合わせ，光干渉による屈折率変調を通してホログラム記録が可能であることを実証した．

ホログラム方式の現状の問題は，システムや信号処理技術などが大幅に進歩したのに対し，鍵となる記録材料の実用化がなかなか進まない点である．フォトポリマーを中心に材料開発が進められているが依然として課題が多く，実用化にはまだしばらく時間を要する．

2020 年に試験放送が計画されている 8 K×4 K のスーパーハイビジョン放送では 24 Gbps という超高速の信号伝送が必要であり，これを実現しうる方式はホログラムメモリをおいてほかにないと確信している．

図　液晶性ジアリールエテン（a）と液晶ポリマー（b）

(a) （ジチエニル型）DEBO8 (n=8)

(b) poly(PGOCB)　T_c：107℃

（桜井宏巳：旭硝子（株））

れを活かせば，ディスクあたり 300 GB という高密度，大容量が，また，データ転送レートも 120 Mbps という高速記録再生が可能となる．

5.2.2 ホログラム記録用フォトポリマー材料

光記録材料の代表例として，フォトポリマーを用いたもので説明するので，この記録メカニズムを理解してほしい．フォトポリマーを用いた場合のホログラム記録メカニズムはおおむね図 5.4 に示すようになっている．フォトポリマーは干渉縞記録のためのモノマー，記録材料の形状を維持するためのマトリックス，光記録のための光重合開始剤，場合によって非反応性成分や各種添加剤によって形成されている．光照射前，モノマーや非反応成分はマトリックス中で均一に分散している．光照射による光強度に応じてモノマーの光重合反応が起こり，干渉縞は屈折率分布として記録される．

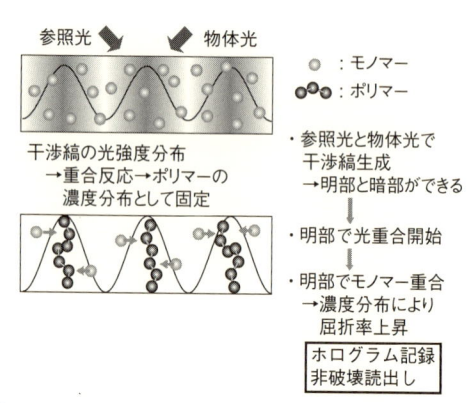

図 5.4 フォトポリマーを用いたホログラム記録メカニズム

5.2.3 フォトポリマー記録材料の構成材料

①**マトリックス**は，フォトポリマーの形状を維持するための成分である．マトリックスは，光透過性や透明性に優れ，さらには屈折率変調を促進するため，低屈折マトリックスには高屈折モノマー，高屈折マトリックスの場合はその逆の低屈折モノマーを組み合わせ，それらの屈折率差が 0.1 以上になるように設計するのが一般的である．ウレタン樹脂やエポキシ樹脂に加え，最近では，屈折率差の大きい有機無機ハイブリッド材料やフッ素樹脂も使われるようになっている．

②**モノマー**：干渉縞を記録するための成分であるモノマーはマトリックス同様光透過性や透明性に優れ，さらには屈折率変調を促進するためマトリックスとの屈折率差が大きいことが望ましい．光反応システムとしては光カチオン重合系や光ラジカル重合系があり，前者では脂環式エポキシが，後者ではマトリックスが低屈折の場合，ビニルカルバゾール，スチレン誘導体，芳香族アクリレートなど高屈折率材料が用いられ，マトリックスが高屈折の場合，アクリルモノマーが一般に使用される．

③**光重合開始剤**：レーザー光源として，青色（405 nm）と緑色（532 nm）の 2 種類のレーザーがあるため，光重合剤も光源に適したものを選定する必要がある．また，光硬化システムにより，光ラジカル重合開始剤と光カチオン重合開始剤がある．青色光源の場合，光ラジカル重合系ではアシルホスフィンオキシド系化合物など一般的な紫外線硬化用光ラジカル開始剤が用いられる．一方，緑色光源の場合，開始効率の点からチタノセン系化合物を単独で，また，ベンゾフェノン系化合物とメチレンブルーなど増感色素を組み合わせて用いる場合が多い．光カチオン重合系では，感光性オニウム塩と増感色素を組み合わせて用いる場合が多いが，増感色素の添

コラム13

ホログラムメモリ用フォトポリマー

　一般に，実験や研究を進めるときに，研究者は作業仮説を立てていかに効率的にゴールを目指すか，が肝要である．ここではホログラムメモリ用フォトポリマーの開発を取り上げ，開発コンセプトをかたちにしていった過程を概説する．さて，ホログラムを記録してメモリとして使う発想自体は1962年ごろには提唱されていたが，いかにして高密度にするかは長年の課題であった．1999年に光軸を1本にしたコリニア方式が発明され，初めて回転ディスク系での記録が可能になった．われわれはDVDと同じサイズのディスクに10 TBを超えるような次世代ホログラム記録システム開発（フェーズロックコリニアホログラムメモリシステム，MEXTプロジェクト）を進め，最終的には20 TBの可能性を示唆することができた．ホログラムメモリは，情報光と参照光を当てると干渉が起こり，強度分布ができるので，これを干渉縞として光重合反応を利用することで理論上数TB程度記録できるシステムであるが，このときデバイスの問題で活用できなかった位相情報を強度情報に変換できれば，記録容量を爆発的に向上できると考え，位相情報を強度情報に置き換えるとき，グレースケールという白と黒の中間調に変換した．このときフォトポリマーは，16種類の位相情報を記録すると16分割，たとえば波長が532 nmのレーザーを使う場合，33 nmの違いを識別する必要があった．

　実験を行う場合には作業仮説を立てるが，今回はそこが一番難しかった．当時一番高精細な銀塩ホログラム記録の干渉縞間隔が50 nmであった．われわれは，「光重合反応によって33 nmの解像度をもつきわめて高精細な画像を記録できるのか」にチャレンジするために，ナノサイズのドット記録を検討した．当時，線状アクリルポリマーの拡散および生長反応速度を使った干渉縞形成のシミュレーションが行われていたが，重合による体積収縮により屈折率変調を来たすには33 nmはあまりにも小さく，またメモリを長持ちさせる必要があることから，硬化時不溶不融のゲルとなって構造解析も困難を伴うものの，ネットワークポリマーを使ったナノゲルフォトポリマー（NGPP）開発を

目指した.フォトポリマーは図1に示すようにハードセグメント(脂環式エポキシ;ECMECC,Ep-2)とソフトセグメント(ポリテトラメチレングリコール;PTG)からなるマトリックス成分と,屈折率変調を来たすための高屈折モノマーおよび光重合開始剤からなるモノマー成分で構成される.脂環式エポキシはその優れた光線透過性,長期にわたる形状安定性から主にコーティング剤やLEDなどの封止材に使われており,工業的な必要性から光カチオン重合における開始および生長反応についての研究例は数多くある一方で,ネットワークポリマーの場合,最終生成物が不溶不融ゲルとなることから,停止反応や連鎖移動反応機構についての解明作業は困難であった.ナノサイズのコンパクトなネットワークポリマーの設計にあたり脂環式エポキシの連鎖移動反応や停止反応機構の解明が不可欠であったため,エポキシシクロヘキセン(ECH)や各種ジエポキシドを用いた熱カチオン重合挙動の解明のための基礎研究を行ったうえでNGPPの設計を行った.最終的にはマトリックス形成のためのエポキ

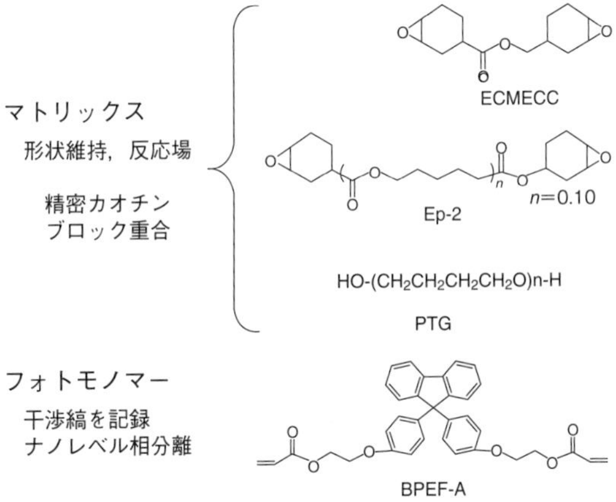

図1 構成成分

シ熱カチオン重合反応時に,PTGを連鎖移動剤として用いることでネットワークが無限大に広がる分子間架橋反応を抑制しながらコンパクトなハードセグメントを形成する分子内架橋反応や分子内環化反応を促進させた.図2にネットワークポリマー形成モデルを示すが,エポキシゲル成長とともにネットワークの隙間にポリエーテル主鎖とモノマー成分が吐き出され,ソフトセグメントを形成させることでブロックネットワークポリマーとし,最終的にはナノサイズの反応場を形成させた.並行して位相TEM(透過型電子顕微鏡)といっ

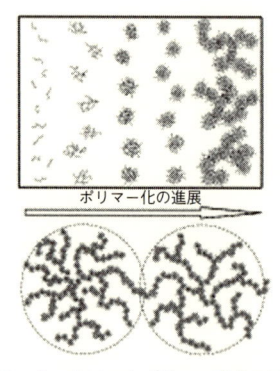

図2 ネットワークポリマー形成モデル

加により,ベースノイズの上昇や経時安定性の低下が懸念されるので添加には細心の注意が必要である.

④**非反応成分**:非反応成分は記録時に拡散速度を増大させ,屈折率変調を容易にするために用いられる.一般にセバシル酸ブチルなどの高沸点可塑剤や芳香族シリコーンなどが用いられる.干渉縞の経時的な拡散など問題を生じることもあるので,添加には細心の注意

て Zernike 位相板を使い電子線の干渉を応用した直接観察法により反応場サイズも 100 nm 以上のものから 50 nm のものおよび 30 nm のもの(図3,それぞれMEXT-A, MEXT-B, および MEXT-C) まで自由に設計でき,ドットライクな屈折率変調部位が形成できた.最終的には 16 階調記録にも成功した.

　実験や研究をする場合,大切なことはいかにコンセプトを可視化するかにあると思っている.今振り返ってみると,ネットワークポリマーの反応過程の解明,本稿では触れていないが透明性を保ちながらナノ相分離による屈折率変調の達成,位相 TEM による直接観察法の確立などを通して可視化に挑むことによって高密度記録が可能になった,と考えている.

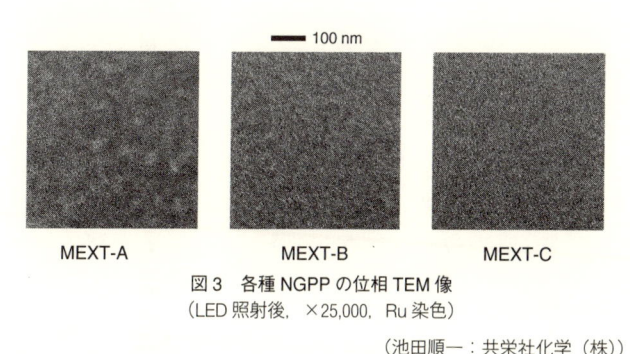

図3　各種 NGPP の位相 TEM 像
(LED 照射後, ×25,000, Ru 染色)

(池田順一:共栄社化学(株))

が必要である.

5.2.4　記録特性:感度と収縮

　記録特性について主要なポイントである感度と収縮に関して説明する.感度向上には,光重合開始剤の増量や増感剤の添加が効果的であるが,透過率の低下やベースノイズの上昇による性能低下が懸

念されるので注意が必要である．ホログラフィックメモリは非常に精密な干渉縞形成が必要である．収縮は精密な干渉縞形成に悪影響を与え，最悪の場合，再生が不能になることから，最近のフォトポリマーはほとんどの場合，0.1％以下にする必要がある．池田らの研究では，ルテニウム位相TEM像の可視化手法を用いて，フォトポリマー材料として従来のリニアポリマーではなくオリゴマーからなるナノサイズのドットライクな屈折率変調部位をもたせることで極限まで収縮を減らす検討を行った（コラム13参照）．光重合反

コラム 14

ホログラム光記録メモリの歴史

　ホログラフィックメモリは，1960年代に登場したが，CDの登場などにより，ブームには至らず，20世紀末に相次いで実施された米国の2大国家プロジェクト（Photorefractive Information Storage Materials（PRISM））およびHolographic Data Storage Systems（HDSS）の成果として，ようやくドライブをはじめとした周辺技術が向上した．今世紀になるとInPhase Technology社に代表される二光束干渉法（Polytopic方式とよばれる，図参照）で実用化の検討も開始されるようになった．日本では，1999年以降，コリニア/コアキシャル方式という日本発の画期的なコンパクト記録システムが登場し，急速に研究開発が活発化した．二光束干渉法に対し，コリニア/コアキシャル方式は見かけ上，1本の光ビームでホログラムを記録する．他の回転ディスク系との互換性に優れている，などの特徴がある．

　ホログラム記録方式としては，物体光と参照光がそれぞれ独立し，フォトポリマーの角度を変えて多重する二光束方式と，それらを同軸にし，記録位置をシフトすることにより多重するコリニア（コアキシャル）方式がある．二光束方式の例を図に示す．

　さらに，近年，マイクロホログラム方式という技術が注目されている．これ

応の起こっている反応場サイズはフラスコに見立てると順に微細化しており，ナノフラスコ中での反応の様相を呈しているとイメージすると理解しやすい．

文　献

[1] Dhar, L., *et al.* (1998) *Appl. Phys. Lett.*, **73**, 1337.
[2] Ikeda, J., *et al.* (2009) *IWHM & D Digests*, 3 A-4.
[3] Ikeda, A. (2009) Optics & Photonics Japan 2009 Proceeding, 26 aCS 5.

は，レーザー光を記録媒体の両側から入射して記録媒体中に微小なホログラム記録を作製するもので，ビットバイビットでの記録再生となるため，従来の信号処理系が使用できる有利な点がある．記録材料の厚さ 250 μm での記録媒体中に 20 μm ごとの 9 層に記録再生を行った例が報告されている．従来ホログラム記録材料として用いられているフォトポリマーや色素をドープしたサーモプラスチックが用いられている．

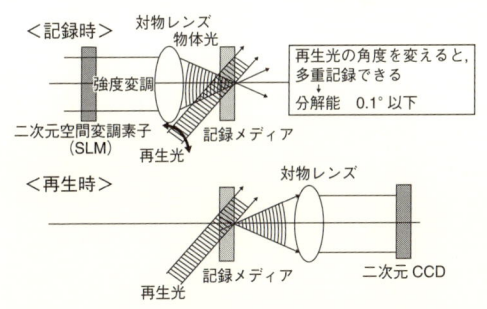

図　フォトポリマーの角度を変えて多重する二光束方式の例
SLM：spatial light modulator，二次元空間変調素子．
CCD：charge coupled device，電荷結合素子を用いたセンサ．

第6章

情報爆発社会へ向けて

6.1 光ディスクの魅力と役割

　光ディスク産業は日本が世界を先導して大きな市場をつくり上げ成功をもたらした．2008年に世界における全世界の光ディスク産業の売上額はドライブが約2兆円，媒体が約1.5兆円規模となった．光ストレージ媒体の典型である「記録型CD/DVD」は，その世界的な標準化によって世界各地で手にすることができる商品となり，年間販売140億枚のディスクの出荷，ドライブも積算で5.5億台を市場に送り出すまでの産業となった．光ディスクの魅力として，アーカイブ光ストレージが低消費電力，低炭素でCO_2削減に貢献するという特性がある．光ディスク媒体の最大の特徴は，信頼性が高いことである．HD（ハードディスク）は磁気メディアや記録再生デバイス（磁気ヘッド）などの耐久限界により5年（保証期間），USBメモリ（半導体メモリ）は電子の移動による書換えの限界により3年程度といわれている．光ディスクは25年を超えるストレージが市場で実証されている．また，光ディスクのランダムアクセス性も光ストレージの魅力になっている．

　しかしながら，光ストレージ産業は重要な転換点を迎えている．これまで光ディスクの役割は，(1)モバイル，(2)テンポラリーストレージ，(3)コンテンツ流通，(4)アーカイブであった．しかし，

HDD (hard disk drive), SSD (solid state disk), フラッシュメモリなどやネットワークの進展により, 残る役割は(3)と(4)に限定されつつある. また, データ処理のプラットホームはスタンドアローンのパソコンから高速 LAN, インターネットによるクラウド

コラム 15

100 TB を見据えたアーカイブメモリ材料への期待

CD や DVD に代表される光ディスクの大きさは, 直径 12 cm (小さいものでは 8 cm) である. 光ディスクが実用になり始めた 1970 年代から 80 年代にかけては, 25 cm や 30 cm, 5.25 インチ, 3.5 インチなど多様な大きさがあった. 現在, この 12 cm の標準的な大きさの中にどれだけ詰め込めるかが, 光ディスクの大容量化競争の舞台となっている. CD の 650 MB から DVD の 4.7 GB, Blu-ray Disc (以下 BD と表記) の 25 GB, そして, ようやく BD 4 層の 128 GB に到達した. この容量は, 初期の光ディスクのそれと比較してほぼ 1,000 倍に相当している. HDD が 1 TB に達した現在, 将来の大容量アーカイブメモリとして 100 TB を実現することが期待される. このためには, さらに約 1,000 倍の大容量化が必要となる.

近年, 1 TB を目指したさまざまな技術開発が行われてきた. レーザーの集光スポットを小さくして, より小さなビットを記録するための技術である対物レンズの高 NA 化による近接場記録 (SIL: solid immersion lens の利用) 技術, あるいは 100 層以上に及ぶ記録層を有する二光子吸収材料を用いた三次元多層記録技術, 1 mm 程度の厚さをもつフォトポリマー材料への体積型ホログラフィック記録技術などである. これらの技術により, 原理的には 1 TB 程度に到達する可能性が示されている. しかし, 100 TB には大きな隔たりがある. 1 層だけで達成しようとすれば, トラックピッチ 3 nm, ビットの長さ 3 nm の極小の記録を達成しなくてはならない. 多層化で達成するには, 1 層あたり 33 GB として 3,000 層が必要となる. いずれにしても, 非現実的なものである.

など，集中型のデータセンターに移行しつつある．光ストレージの事業環境変化が加速している．

総務省の平成19年度情報通信白書によれば，2010年の全世界の情報流通量は1,000 EB（コラム3参照）と年率40％で増加してい

では，光で達成することはできないのであろうか．光のもついろいろなパラメータを駆使した多重化・多値化に解がないだろうか．ここで，ひとつの試行をしてみたい．ディスク面上のスポット径を0.5 μmとして，そのスポット径内に100 nm程度の大きさで数十nm厚の金属微細構造（楕円や円，矩形，多角形などの形状）数個を配置し，これらを1ユニットとする．1ユニットは0.5 μm角とし，トラックピッチも0.5 μmとする．この1ユニットに近紫外から近赤外までの波長を含む広帯域パルス光を照射し，その透過光を検出する．透過光は1ユニットの金属微細構造により特有のスペクトルをもち，微細構造の数や形状，配置により透過スペクトルが大きく変化する．スペクトルに多値のデータを対応させることで，10倍程度（1,024値）の大容量化が期待できる．さらに，入射させる広帯域パルス光の偏光を変えることで，さらに2〜4倍が見込まれる．ディスク面における金属領域が比較的少ないため，透過率も高く多層化も可能となる．100層程度の積層化ができれば目標とする100 TBに到達する．（各層の透過率から考えると30層程度までが現実的ではあるが．）

ところで，この金属微細構造は前もって形成しておく必要があり，ROMの機能しか有さない．光記録を可能とするひとつの考えは，先の1ユニットを5×5の100 nm角の微小領域に分ける．それぞれが光照射により金属化（たとえばAg）し，さらにその微小領域は自己組織的に形成できる，という材料はないだろうか．

いまだ1 TBも実現できていないが，100 TBを見据えて研究しながら，1 TB，10 TB，100 TBとステップアップしていくのはいかがだろうか．

（横森　清：リコー（株））

る．2013 年には 2010 年比の 3 倍の 3,000 EB になり，デジタル情報量の爆発が予測されている．このような情報爆発社会において光ディスクが担う役割は，コンテンツ流通とアーカイブである．データセンターのアーカイブの主流は LTO（linear tape open：磁気テープ）であり，この LTO と同等の容量と転送速度，ランダムアクセス性や低消費電力などの特徴を生かせれば，さらなる展開が期待されている（三橋ほか，2010）．

6.2 新しい光ディスクの提案

ここでは，現状の光ディスクの限界を打ち破る可能性がある薄型光ディスク（NHK 放送研究所からの提案）について紹介したい（Aman et al., 2007）．図 6.1 に示す試作薄型光ディスクは，BD（Blu-ray Disc）から 1.1 mm の基板を取り除いた構成で，厚さは約 0.1 mm である．光学透過層の厚さが同じなので，BD と同じ光学ヘッドが使用できる．1 番めの特徴は，薄型光ディスクは非常に薄いため，ディスク集積による体積あたりの大容量化が可能となる．たとえば，手のひらサイズのカートリッジに 100 枚収納することができる．1 枚あたり容量が 25 GB なら 2.5 TB（25 GB×100 枚）の小型の大容量カートリッジが実現できる．2 番めの特徴は，安定化板による安定回転である．回転している薄型光ディスクにディスクより少し大きい円板形状の安定化板を 0.1 mm 程度の距離に近接させる．すると，安定化板の中心部の穴から空気が流入し，安定化板とディスク間に一定の厚みをもつ空気層が形成され，ディスク全面が浮きながら安定化板に貼り付くように回転する．現状の光ディスクに比べて，面振れが約 1/10（10 μm 以下）と小さいため，15,000 rpm での高速回転が可能になる．現状の光ディスクは 10,000 rpm を超

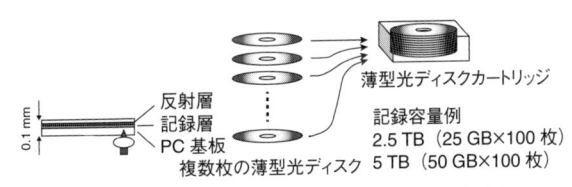

図 6.1　薄型光ディスク（NHK 放送研究所の提案）
PC：ポリカーボネート．

えると破損する危険性があるが，薄型光ディスクは高速に回転できるので，高転送レート化の可能性がある．

文　献

[1] Aman, Y., *et al*. (2007) *Jpn. J. Appl. Phys*., **46**(6B), 3750.
[2] 三橋慶喜ほか (2010) *O plus E*, **32**(4), 389.

索　引

【欧文・略号】

CD …………………………………25
CD-R ………………………………26
CD-R 用色素 ………………………36
DVD-R ……………………………43
DVD-R 用色素 ……………………49
SEM ………………………………22

【ア行】

アゾ系金属錯体色素 ……………38,51
アゾ系色素 …………………………6,50
アゾ配位子 …………………………51
インドアニリン系金属錯体色素 ……19
薄型光ディスク ……………………78
エアーサンドイッチ ………………13
エレクトロニクス …………………4
オキソノール色素 …………………55

【カ行】

機能性色素 …………………………3,4
基板 …………………………………33
記録感度 ……………………………16
記録原理 ……………………………36
記録再生特性 ………………………21
記録層 ………………………………33
記録密度 ……………………………44
記録容量 ……………………………8
金 ……………………………………36

銀 ……………………………………36
空隙 …………………………………55
光学特性 ……………………………20,36
高感度比色試薬 ……………………51
合成染料 ……………………………1
互換性 ………………………………27
コンパクトディスク ………………25

【サ行】

三次元光メモリ ……………………62
シアニン色素 ………………………38
色素 …………………………………1
色素塗布 ……………………………18
情報爆発社会 ………………………78
スピンコート法 ……………………16
製造プロセス ………………………16,46
染料 …………………………………1
層構成 ………………………………33
走査型電子顕微鏡 …………………22

【タ行】

耐光性 ………………………………21
低コスト ……………………………27
天然色素 ……………………………1

【ナ行】

熱干渉 ………………………………58
熱特性 ………………………………37,53

【ハ行】

薄膜特性 …………………………………53
波長（λ）………………………………44
パラダイムシフト ………………………6
貼合せ ……………………………………48
反射層 ……………………………………33
反射率 ……………………………………36
半導体レーザー ……………………11, 43

光吸収特性 ………………………………52
光ディスク ……………………………43, 75
光ディスク用色素 ………………………14
ピット形成 ………………………………40

ピットサイズ ……………………………44
ヒートモード記録 ………………11, 12, 23

フォトポリマー …………………………66
フォトンモード記録 ……………………23
フタロシアニン色素 ……………………38
分析用金属指示薬 ………………………51

保護層 ……………………………………33
ホログラム光記録 ………………………63

【ヤ行】

有機色素 …………………………………33

〔著者紹介〕

前田　修一（まえだ　しゅういち）
1973年　東北大学大学院理学研究科化学専攻修士課程修了
現　在　博士（工学）　日本化学会フェロー
　　　　三菱化学株式会社　経営戦略部門 RD 戦略室
専　門　有機合成化学，色素化学

化学の要点シリーズ　8　*Essentials in Chemistry 8*
有機系光記録材料の化学　―色素化学と光ディスク
Chemistry for Organic Optical Recording Material ―Dye Chemistry and Optical Disk

---

2013年6月30日　初版1刷発行

著　者	前田修一	
編　集	日本化学会　©2013	
発行者	南條光章	
発行所	**共立出版株式会社**	

　　　　　［URL］　http://www.kyoritsu-pub.co.jp/
　　　　　〒112-8700　東京都文京区小日向4-6-19　電話 03-3947-2511（代表）
　　　　　FAX 03-3947-2539（販売）　FAX 03-3944-8182（編集）
　　　　　振替口座　00110-2-57035

印　刷　藤原印刷
製　本　協栄製本　　　　　　　　　　　　　　　　　　　　　printed in Japan

検印廃止
NDC 548.23, 547.88
ISBN 978-4-320-04413-5

一般社団法人
自然科学書協会
会員

JCOPY　〈(社)出版者著作権管理機構委託出版物〉
本書の無断複写は著作権法上での例外を除き禁じられています．複写される場合は，そのつど事前に，(社)出版者著作権管理機構（電話 03-3513-6969，FAX 03-3513-6979，e-mail: info@jcopy.or.jp）の許諾を得てください．

化学の要点シリーズ

日本化学会〔編〕
【全50巻予定】

❶ 酸化還元反応
佐藤一彦・北村雅人著　酸化（金属酸化剤による酸化／過酸および過酸化物による酸化他／還元（単体金属還元剤／金属水素化物還元剤／他……176頁・本体1,700円

❷ メタセシス反応
森　美和子著　二重結合どうしのメタセシス反応／二重結合と三重結合の間でのメタセシス反応／三重結合どうしのメタセシス反応／他……112頁・本体1,500円

❸ グリーンケミストリー
―社会と化学の良い関係のために―
御園生　誠著　社会と化学／自然と人間社会／ライフサイクルアセスメントと化学リスク管理／他……168頁・本体1,700円

❹ レーザーと化学
中島信昭・八ッ橋知幸著　レーザーは化学の役に立っている／光化学の基礎（光と色他）／レーザー（光の吸収と増幅他）／高強度レーザーの化学／他…130頁・本体1,500円

❺ 電子移動
伊藤　攻著　電子移動の基本事項／電子移動の基礎理論／光誘起電子移動／展望と課題／問題の解答案／コラム（分子軌道／分子移動と電気化学他）／他 144頁・本体1,500円

❻ 有機金属化学
垣内史敏著　配位子の構造的特徴／有機金属化合物の合成／遷移金属化合物が関与する基本的な素反応／均一系遷移金属錯体を用いた水素化反応／他 206頁・本体1,700円

❼ ナノ粒子
春田正毅著　ナノ粒子とは？／物質の寸法を小さくすると何が変わるか？／ナノ粒子はどのようにしてつくるか？／ナノ粒子の構造／他……138頁・本体1,500円

❽ 有機系光記録材料の化学
―色素化学と光ディスク―
前田修一著　有機系光記録材料のあけぼの／日本発の発明CD-R／DVD-Rへ発展／三次元用光記録材料の化学他……96頁・本体1,500円

❾ 電　池
金村聖志著　電池の歴史／電池の中身と基礎／電池と環境・エネルギー／電池の種類／電池の中の化学反応／電気二重層キャパシタ／電池と自転車／他………近　刊

【各巻：B6判・並製・税別本体価格】

●主な続刊テーマ●

全合成科学…………佐々木　誠著
光と生物……………佐々木政子著
電子スピン共鳴ESR…山内清語著
プラズモンの化学……三澤弘明著
液晶・表示材料………竹添秀男著
金属錯体………石谷　治・今野英雄著
元素化学……………山口茂弘著
有機機器分析 構造解析の達人を目指して
　　　　　　　　　　村田道雄著
表面・界面
　　岩澤康裕・福村裕史・唯　美津木著
層状化合物
　　……高木克彦・高木慎介・生田博志著
ケミカルバイオロジーの基礎
　　……上村大輔・袖岡幹子・闐闐孝介著

※価格、続刊のテーマ、執筆者は変更される場合がございます。

共立出版

http://www.kyoritsu-pub.co.jp/